JN303326

農・林・漁 復権の戦い

1年9ヵ月の軌跡

鹿野 道彦

財界研究所

もくじ

はじめに

平成22年9月17日から24年6月4日まで、627日、1年9カ月にわたって、農林水産大臣を務めた。

その間、食と農林漁業の再生の新しい方向性の取組、東日本大震災による復興、原子力発電所事故への対応、TPP交渉参加問題など、様々な課題に日々直面することとなった。

菅第1次改造内閣、同第2次改造内閣、野田内閣、野田第1次改造内閣と、正式にはこの間、4回にわたって大臣を拝命した。元年8月10日から2年2月28日まで務めた前回と合わせると、5回にわたり通算829日となる。回数で戦後1位タイ、日数で4位ということだから、それなりということなのだろう。

1年9カ月も農相の任にあったのだから、様々な問題に対処することとなったのはある意味当然のことかもしれないが、それにしても、東日本大震災、原子力発電所事故を始めとして、色々なことがあり、まさに激動の期間であった。「何としてもやらねば」という気概・気迫で取り組んだが、この間、農林水産政策が形作られていく過程において、どのようなことがあったのか、多くの人に事実をお伝えし、後代にいささかでも参考になればとの思いで、在任中を振り返り、記録に残してみたのがこの著書である。ここに書いた中には、農林水産省の事務方ですら知らなかったことも沢山あるが、実はこういうことだったのかということを少しでも共有できれば幸いである。

【第１部】

第１章　20年ぶりの農相就任

元気をなくしていた農林水産省

平成22年９月17日、菅直人総理から連絡を受けて、官邸に向かった。

２年以来、20年ぶりの農相就任であった。農林水産省の建物は当時から少しも変わっていないし、大臣室の様子も同様であったが、余りにも久しぶりということから、浦島太郎のような気分でもあった。６年に二大政党制を目指して自民党を離れ野党暮らしとなり、また21年の政権交代後も予算委員長に就任していたこともあって、直近の農林水産行政を巡る細かなところまでは承知していなかったということもあるが、この時の農林水産省全体への率直なる印象は、一言で言えば、元気さに欠けているな、というのが偽らざるところであった。

就任直後の記者会見に臨む前に、事務方から昨今の状況について簡単な説明を受けて、この印象が間違っていなかったことが分かった。前回農林水産大臣を務めた20年前と比べると、それが明確に数字に表れていたのだ。

予算は3兆2千億から2兆5千億へと7千億円も減少。マクロでの農業所得を表す農業純所得も6・1兆円から3・0兆円へと半減。耕作放棄地も22万ヘクタールから40万ヘクタールに達しており、これらを反映するものとして、食料自給率も49％から40％へと落ち込んでいた。

当時、何とかして50％に戻そうと努力した記憶からすると、隔世の感があった。

記者会見においても、この旨を思いのまま話した。農林水産行政自体も、閉塞感が漂い、いつしか受け身の姿勢となってしまっていたのではないか。今後、世界の人口は更に増えていく。気候の変動もさらに激しくなることが予測される中、世界的な食料不足の時代がくる。21世紀は間違いなく水と食料の時代になるとの確信があった。

当然ながら、食料輸入国である我が国でも、きちんとした備えをしていくことが次の世代に向かっての我々の責務となる。

守りから攻撃型への転換により、何とかして農林水産行政を立て直したいとの気持ちであった。

予算と財源――環境税の提案――

私がまず関心を持ったのは予算であった。

誰しも、食料が大切だ、農山漁村が大切だと、総論では賛同する。しかし、現実的に、それだけの予算が伴ってきたかというと、マイナスの一途である。

引き算だけでは、意欲を持て、元気を出せといっても無理である。また、農林漁業は食料供給だけでなく、生物多様性の保全など環境面でも重要な役割を果たしている。すなわち、多面的機能を発揮することも、国民生活に大きく貢献している。にもかかわらず、農林水産業の役割を国民の皆さんに十分に理解してもらっていないところがあるのではないかとも感じていた。

このような問題意識から、既に、農相任命の連絡を受けて官邸に赴いた時点で、菅総理と仙谷由人官房長官に対し、「農林水産業を立て直すためには国内対策のための新たな財源が必要だ。農林水産省内だけで対応するのには限界がある。環境税を導入する際には、その使途に環境産業たる農林水産業も加えて欲しい」旨を話していた。

就任後の記者会見でも、新しく環境税を導入して、環境保全の役割を果たしている農林水産業にも充てていくべきとの考えを述べた。具体的な財源について発言を行った農林水産大臣は過去にいなかったと思う。

就任2日後にNHKの「日曜討論」に出演したときにも、環境税の使途について言及した。世の中に対し、広く議論を起こしていきたい、との気持ちからであった。

農家の自己選択、生産性向上努力、現場主義

私は、今後の我が国農業が進むべき方向についても、一つの考え方を持っていた。まず基本となるのは、自分が担い手だ、と位置づけする農業者を後押しをする。そして、担い手であるかどうかは、あくまでも農業者自身が判断することである。第三者が決めることではない。

この考えは、民主党農政の基礎となる農業再生プランを平成16年に取りまとめたときのものでもあった。それでは、担い手と称するすべての人を支えるのかとなるが、それはいかがか。諸対策は税金を使うのだから、国民に対する食料供給の役割を果た

している人というところで線を引きましょうと。これが戸別所得補償制度での助成対象をめぐる整理であった。

一方で、生産性向上という錦の御旗は、その旗がいくらボロボロになっても降ろすべきではない。もちろん広大な農地を持つアメリカとかオーストラリアに追いつけということではない。我が国の地勢を前提として、少しずつでも生産性を高めていくという努力は常に続けていく必要があるのだ。

私としては、以前から、10年間を移行期間と定めて、この間、生産性向上を促し、政策の見直しも不断に行っていくことが必要だと考えていた。

この間の動きの中で、自分は農業を引き続いてやっていけるなと思う人、いや農地は他の人に任せて自分は別の道に行くという人、集落でまとまってやっていこうという人、それぞれの判断が出てくるだろう。上からの選別ではなく、農家の人たちが自ら選択していくことを通じて、日本の実態・実情にあった農の姿が確立していくのではないか、との思いである。こうした考え方を就任時に内外に向かって発信した。

また前回、農林水産大臣を務めた際に、牛肉・オレンジ自由化を契機として吹き荒れた農政不信の嵐の中で、農業者との信頼回復のため、現場の農業者との直接対話を農林水産大臣として初めて実施した。全国の農山漁村の人たちの生の声によく耳を傾け、現場をつぶさに見て、農林水産行政を進めていくことが非常に大切であるとの思いがあった。特に、新たな農林水産行政を推進していく上で、関係する様々な立場の人はもちろん、国民の理解と協力が不可欠である。

だからこそ、丁寧に施策の説明の過程を経ていくことが、農林水産業がいかに重要な役割を果たしているか、国民全体での認識を高めることにもつながると思っていたのだ。同時に、農林水産業が抱える諸課題の解決に向けて共に考えてもらう雰囲気づくりになると確信していた。

22年産米の米価下落と戸別所得補償制度

こうして農林水産大臣としての日々が再び始まったわけだが、当時、大きな問題となっていたことの一つに、22年産の米価低迷があった。

当然ながら、米価は、売り手と買い手の自由な取引によりその水準が形成されているものだ。しかしながら、米価低迷の原因は民主党農政の看板政策である戸別所得補償制度だとの批判が出てきたのだ。

戸別所得補償制度は、その年から、コメについてモデル実施されていた。具体的中身としては、１反１・５万円の「定額部分」と、米価が標準的な水準より低下したときに補填する「変動部分」があった。

この「変動部分」の存在が米価下落を引き起こして一因になっているというのだ。つまり、米価水準が下がっても補助金で補填されるのだから、農家に影響は生じないからいいじゃないか、と集荷業者から攻め込まれているということだ。

10月から始まった臨時国会でも野党からガンガン批判を浴びた。生産者団体が22年産米の概算金を引き下げていたという事実もあったし、決して戸別所得補償制度の影響ではない、と発信し続けたが、なかなか批判の声は沈静化しなかった。

加えて、米価維持のための対策として政府による過剰米の買い入れを行うべきとの声も強まっていた。

しかし、民主党農政の根幹となる考え方は、価格政策から所得政策への転換であり、世界の農業政策の潮流（先進国は既に所得政策を導入）に合致するものでもある。

価格形成は市場に任せて、所得は政策で守るのだ。もちろんその中核をなすのは戸別所得補償制度であるとの考えは、どのような批判を受けても揺るぐものではなかった。

私は、こうした批判の基は農家の不安にあると考えていた。米価は大きく下がっている。このとき、本当に政府は何とかしてくれるのか。戸別所得補償制度があるから大丈夫だと言われても、本当に約束どおりの支払が行われるのか信頼できないということだ。ならば、とにかく、まず定額部分の支払をできる限り急がなければならないと指示を出し、11月中旬には支払をスタートすることができた。

すると、あれだけ騒がしかった批判の声が嘘のように沈静化した。これなら変動部分もきちんと支払われるだろうとの安心感が広がったのも間違いない。

後日談であるが、戸別所得補償制度に加入していなかった農家で、自分たちも加入しておけばよかったな、という人が多かったとの話も耳に入ってきた。

戸別所得補償制度の効果・評価

平成22年度のモデル対策では、最終的に約116万の農家・集落営農に対し、水田でコメ以外の作物を最大限作ってもらうための助成分も含め、農林水産省内の財源で

22年9月、新潟で農業者と「車座懇談会」でざっくばらんに意見交換

４，９５８億円の助成金の交付を行った。

これだけの現金が農家の手元に直接渡ることになったのだ。

統計調査でもこの効果は裏付けられている。22年の農業所得は、前年比で17・４%上昇したとの結果が出たのだ。農業所得の増加は６年ぶりのことであった。当然ながら、アンケート調査でも農家からの評判が高く、加入した農業者４人に３人は制度を継続すべきとの回答であった。

このような声に応えて、農家の皆さんが安心感を持ち、長期的で計画的な営農に取り組んでもらうために

も、戸別所得補償制度をきちんと継続していかなければならない。

23年度からは、戸別所得補償制度の本格実施と銘打って、麦や大豆等の畑作にも対象を拡大するとともに、経営規模を拡大した農業者に1反当たり2万円を交付する規模拡大加算を導入するといった見直しも行うことにした。

私の20年ぶりの農林水産大臣としての日々がスタートした。

第2章　6次産業化

農業の体質強化と表裏一体

６次産業化は、戸別所得補償制度と並んで、私が農林水産行政の中核として取り組んでいきたいと考えていた政策課題であった。

生産だけでなく、加工・流通もやるということ——と単純に受けとめる向きもあるかもしれないが、決してそうではない。

まず、６次産業化は、農業の体質強化とも表裏一体にあるものだ。戸別所得補償制度により、自らが担い手だという農業者を支えていきつつも、生産性向上を図っていく。

その結果として、自らの選択として農業を離れる人も出てくる。また、生産性向上に伴って、生産の現場では労働力に余剰が出てくることも避けられない。この受け皿として、農村で働く場がないと、さらに地域から人口が流出することになってしまうので、加工・流通という分野で働く場を作る。これがとりもなおさず6次産業化だ。「受け皿」などと書くと、何かしら好ましくない印象を与えるかもしれないが、決して後ろ向きの話ではない。

人には、向き、不向きがある。俺は作物を育てるのは得意だ、でも人と話をするのは苦手だ、という人。私は体を動かす作業は好きになれないけど、細かな手仕事は好きだ、という人。人と会って話すのがとにかく楽しい、という人。様々な人で社会は成り立っている。生産だけでなく、加工・販売まで手がけることで、家族の中でもそれぞれの得意分野を分担することもできる。

私のイメージは、父ちゃんが生産し（1次）、母ちゃんが加工し（2次）、息子が販売（3次）という役割分担だ。そういう姿が描ければ、都会に出ていた息子も帰ってやってみるか、という気持ちになるかもしれない。あるいは、集落単位での取組にもつながるかもしれない。また、自分で商品の値段を決められるから楽しみも広がるし、それぞれの持ち場で頑張ることで全体の効率性も上がることも期待できる。

地域にあるものを生かした地域経済の再生

だから6次産業化はこれからの地域経済の活力を生み出す決め手になるのだ、という思いがあった。

思い返せば、我が国において地域活性化のための伝統的な手法は、企業誘致だった。

工業団地を整備し、工場を引っ張ってくることで地域に雇用の場を設けることが、自治体の首長の大切な仕事で、「業績」として強調されるのが常であった。

私自身も、国会議員としてこのような誘致活動に参画してきた。

しかし、近年の状況を見ると、グローバル化の進展など大きく環境が変化し、突然の工場撤退などに象徴されるように、この従来型の手法が行き詰まりをみせている面があるという感じを持ってきたところであった。他者に過度に頼るのではなく、地域にあるものを使って、地域の資源を最大限に生かすことで地域力を興していく。すなわち、主体的に地域を再生していくことができないか。地域に根を張って暮らす人たちを増やしていくことができないか。このような社会経済構造への転換が、地域社会に活力を取り戻していくためにも非常に重要だと考えたのである。当然、農林水産物は、地域資源の代表的存在だ。

6次産業化促進法

このような問題意識の下で、農林水産政策の大きな柱の1つとして、6次産業化の推進に力を入れた。

まず、就任後ほどない平成22年12月に、6次産業化を後押しする法律（地域資源を活用した農林漁業者等による新事業の創出等及び地域の農林水産物の利用促進に関する法律）を成立させることができた。この法律は、もともと同年1月からの通常国会に当時の赤松広隆大臣が提出していたものであったが、審議未了となり秋の臨時国会で改めて審議に入ったのだ。野党からも様々な意見が出され、法律の名称を含め、修正を施した上での成立となった。

法律の内容としては、様々な中身を有する6次産業化事業計画の認定を受けると、金融上の支援や農地転用の手続き簡素化といった特例措置の対象となるというもので

平成23年3月、農林水産省内に6次産業化戦略室を設置

あった。

私の在任中は、地方農政局を含めた事務方の努力もあってのことだろう、計画の認定は順調に進んでいるとの報告を受けていた。

一方で、この法律も６次産業化を進めるための手段の１つに過ぎない。

具体的に成果を上げていくための手法に関し、私は一つの懸念を持っていた。それは、チャレンジするか迷っている農林漁業者の方々の背中を押して、一歩前へと踏み出してもらう、また、その成功の手助けをするためにはどうすればいいかという

ことだった。

既に概算要求済みの23年度予算でどのような手当てが講じてあるのか、担当局から聞いてみた。すると、「6次産業化プランナー」と呼ばれる指導者を育成していく、とのことであった。

これを聞いて、私からは、どういう人が具体的にプランナーになるか分からないが、ともするとこういう場合、役人OBに頼りがちになる。ビジネスの実態をよく分かっていない人が、ああしろ、こうしろ、と「上から目線」の物言いをして、せっかくやってみようと思っている人たちの心を挫くことも懸念される。

そのようなことのないよう、いわゆるコーチングの手法も含め、よく研修した上で現場に送り出すようにして欲しいと指示をした。

既に翌年度の予算要求も終わっており、担当者は苦労したと思うが、しばらくして、6次産業化プランナー養成のための予算の使い方を工夫することで、能力を高めていきますという事務方からの報告であった。

ボランタリー・プランナー

しかし、私には、６次産業化プランナーだけではまだ足りないと思われた。農家の立場に立ってみると、同じ目線で悩みを分かち合える人たちからの助言こそ、最も求められるのではないか。

そういう助言者が地域にいて、困ったとき、悩んだときには気軽に相談に乗ってもらえる人がいるなら、とても心強いだろうなと思ったのだ。

具体的には、既に６次産業化に取り組んでいる農林漁業者の先輩、先達だ。こうした方々に「予算なし」で協力をお願いする「ボランタリー・プランナー」という制度を設けたらどうかと私から提唱し、早速取り組み始めることにした。

第1号のボランタリー・プランナーへの就任要請は、私自らが行うことになった。平成23年2月に札幌に出張した際のことだ。様々な取組を行っている女性達と懇談する機会があったのだが、懇談の中で就任をお願いした。彼女たちからすれば、唐突感もあったと思うが、４名の方（柿木和恵さん、川端美枝さん、木村光江さん、七島ひとみさん）に気持ちよくお引き受け頂くことができた。改めて感謝したい。

まず女性の方にお願いしたのには、現に多くの成功例を引っ張っているのは女性だという私の思いもあった。それまでも数多くのこういう女性方から直接お話を聞く機会があったが、何よりも感じたのはそのバイタリティだ。生真面目さ、細やかな感性、お客さんとのコミュニケーション能力も成功の裏側にあるのだろうと想像する。

農林漁業者の立場に立って考えると、できるだけ身近な存在と感じることができる人、つまり、同じ町とか同じ県の人に相談したいと思うのが自然でもある。このため、地方農政局に指示して、できるだけ多くの方にボランタリー・プランナーになって頂くような努力も続けた。

現在では、全国で５００人以上が活躍して頂いていると承知している。

23年12月に宮城県仙台市を訪れて、被災地の農業者の方々と意見交換の場を持ったときのことだ。

出席していた皆さん方、それぞれ大きな苦難に直面しているにもかかわらず、一生懸命前を向いて、自分の経営を、そして地域を立て直していこうという気持ちにあふれていた。

非常に心強く思うとともに、農林水産省としてもきちんと行政としての役割を果たしていかなければならないとの思いを新たにした。

このとき、参加していた若い女性から、地元の農産品を使った総菜などの販売にもっと力を入れたいのだけど、なかなか支援が得られないんだとのお話があった。私からは、「女性が3人集まって事業を起こすということなら大丈夫ですから！」と激励したことを覚えている。

個々の取組としては小さいかもしれないが、6次産業化とは自分たちでことを起こしていきたいという意欲あふれる方々の取組により実現するものに他ならない。ここをいかにサポートできるかが6次産業化という政策の成功の鍵だと思う。

需要をつかむためには幅広い連携が必要

6次産業化に関連して、国産品のシェア拡大、また、食品関係の市場自体規模拡大の必要性も意識していた。

そのためには、農林漁業の殻の中に閉じこもっているだけではうまくいかない。食品産業の方々はもちろんのこと、色々な関係者との協力が不可欠だ。

連携を取っていくべき相手に、料理人（シェフ）の方々もいる。彼らは、日々お客さんと接し、世の動きの中から何が求められているか、どのようなものが求められそうか、という感覚が研ぎ澄まされている。

料理人に是非活用してみたい、と思われるような農産品やその加工品を作る、という感覚と認識が生産者にとって大切になってくる。生産サイドにおいても、更に意識改革が必要なところだと思う。

また、我が国が今後、更なる高齢化社会を迎える中で、健康への関心が更に高まっていくことは間違いない。農林水産省でも、食品の機能性に着目した研究への助成を始めていたが、新たな可能性を感じる分野だ。

既に広く知られている話としては、温州みかんに含まれる「β―クリプトキサンチン」という物質が、糖尿病や高血圧症の予防に有効だという研究がある。

私のふるさと、山形の特産品であるサクランボに含まれるオスモチンという物質はメタボ予防に役立つ機能を有するとの話を研究者に教えてもらった。また、コメにも様々な機能性成分が含まれているとの話を、この研究をしている食品企業の方から聞く機会もあった。

この分野での期待も大であると考える。

6次産業化ファンド法

24年の通常国会には、再び６次産業化関係の法律を提出した（株式会社農林漁業成長産業化支援機構法）。

これは、融資ではなく出資という手法で６次産業化の取組を支援する官民共同のファンドを創設するための法律だ。国からの出資としては、財投資金を活用することとし、24年度予算に３００億円を計上した。この法律は、残念ながら私の在任中に成立を見ることはできなかったが、後を引き継いでもらった郡司彰大臣の時に成立に至った。

とはいえ、本当の勝負はこれからだ。実際に出資するときには、目利き能力も問われるだろう。出資をした後の経営支援も同じように大切だ。

23年度は農産物の加工・直売に従事する者の数が前年度から約3万人（７・５％）増加した。このように高まっている６次産業化の取組の気運を大切にしながら、今後、ファンドからの出資を含め、成功事例が積み上げられていくことを待ちたい。

第3章　しっかりとした女性の位置づけ

農林水産業を支えているのは女性

農林水産大臣として、常々是非取り組みたいと思っていたことの一つが、農林水産行政における女性のしっかりとした位置づけであった。

広く知られているとおり、我が国の農業就業人口の過半を女性が占めている。文字どおり、我が国農業を支えているのは女性だ。漁村にあっても、水揚げされた魚を仕分けし、加工する主役は女性達だ。加えて、6次産業化の推進に当たっても、その成功の鍵は女性の能力と創意工夫の発揮が握っているのだ。

女性の更なる活躍が求められるとの問題意識を省全体に広げていくことだ。そのためには、農林水産省の職員の意識改革も必要だと感じていた。

就任から約1ヶ月後の平成22年10月、新潟で開催された第1回ＡＰＥＣ食料安全保障担当大臣会合に参加することとなった。

ホスト国の農林水産大臣として、私が議長に指名されての会合であったが、この会合における日本国農林水産大臣としての発言の中で、食料安全保障の観点からも農村女性の果たすべき役割は大きいという点がもっと議論されるべき旨を強調した。女性が農業を支えている、このことを国際社会においてもきちんと認識してもらう必要があるとの思いからであった。

この会合で採択された行動計画にも農村女性の活躍を促進する取組を明示し、次回のカザン会合以降における流れへとつなげた。このとき、会場となった朱鷺《トキ》メッセの一角で、我が国農村において、いかに女性が活躍しているかを紹介するブースも設けられていたため、足を運んで激励をしたことも覚えている。

これをきっかけに、国際的な場で農村女性の活躍を世界に発信してもらう取組にも力を入れた。

24年3月に米国ニューヨークで「国連女性の地位委員会」が開催されたが、ここでも福井県の山崎洋子さんに女性農業者として初めて政府代表団に加わって頂くとともに、埼玉県の萩原知美《さとみ》さんが、NGO分野のパネルディスカッションで発表をする支援をした。

また、24年5月にロシアのカザンで開催された第2回目となるAPEC食料安全保障担当大臣会合に先だって開かれた「APEC食料安全保障に関する官民対話」に山梨県の三森かおりさんが参加し、発表することについても後押しをすることができた。

こうした場への参加は本人にとっても貴重な経験になったことと思うが、その後も彼女たちの活躍が好ましい影響を周囲の方々に及ぼしていると各所で聞き、嬉しい限りである。世界食糧計画（WFP）の2代にわたる女性の事務局長が大臣室を訪ねられ、世界の食料安全保障における日本の役割・貢献に加えて、女性の役割についても具体的に話し合う機会を持つことができた。

24年5月にお会いしたアーサリン・カズン事務局長からは、帰国後、女性の能力向上、農業の発展、食料の安全保障の分野において、女性の参加を確かなものにするために、鹿野大臣が示された強い指導力と支持に大変勇気づけられました、とのお礼状を頂いたことも紹介しておきたい。

女性の声を政策に反映

後で詳しく触れるが、平成22年11月に閣議決定された「包括的経済連携に関する基本方針」に基づき「食と農林漁業の再生実現会議」が設置された。政府外から有識者の方々に参画してもらって、今後の農林水産政策の方向性を議論して頂き、これを政府一体となって政策に具現化させていくことを目的とする会議体だ。

私は、ここに現に農業に従事している女性に委員として参加してもらい、その思うところを語ってもらうべきだと考えた。

委員の人選は、基本的に内閣官房が行っていたが、示された原案をみると、大学教授など農外の立場で女性の方が登用されていたが、女性農業者の名前はなかった。

そこで、玄葉光一郎国家戦略大臣や仙谷官房長官にも話を通した上で、栃木県女性農業士会の会長である相良律子さんに白羽の矢を立てた。

相良さんについては以前からその活躍は承知していたが、その識見、また、考えていることを分かりやすい言葉で述べる能力に尊敬の念を持っていたのだ。詳しくは、公開されている実現会議の議事要旨をご覧頂ければ分かるが、私の期待をはるかに超えて、毎回、地に足の付いた、非常に説得力のあるご発言を頂いた。この場を借りて、改めて感謝を申し上げたい。当然ながら、取りまとめ文書となる「我が国の食と農林漁業の再生のための基本方針・行動計画」においても、女性の能力の積極的な活用について記載されている。

6次産業化の「ボランタリー・プランナー」でも女性に期待するところ、大であった。23年2月に北海道の女性達に初めて就任をお願いした後も、同年4月に大震災関係の視察で岩手県を訪れた際に菊池ナヨさんに就任をお願いした。

菊池さんは、遠野市の道の駅にある「夢咲き茶屋」で農産加工品の販売を手がけている女性だ。

また、24年2月に豪雪被害の状況視察で青森県青森市を訪問した際にも、同じく道の駅で大豆を使った加工品販売や料理を提供している奈良岡京子さんにもお願いし、ご快諾頂いた。

さらに各地方農政局を通じて、例えば、福岡県の野菜農家である楢原美智子さんにお願いするというように、省全体で全国で活躍している女性に積極的に要請をした。

24年度予算での女性優先枠の設置、職員の意識改革

こうした取組のほか、具体的な政策、つまり予算においても、何らかの方策がとれないか検討するよう指示をした。

これを受けて、平成23年10月には、女性職員がメンバーとなって「農山漁村女性の能力活用推進チーム」も発足した。仲野博子政務官に顧問を務めてもらい、女性の目線から、色々な議論を行ってもらった。

私が概算要求から国会での成立まで手がけることができた24年度予算では、こうした検討過程を経た上で、6次産業化に取り組むための加工施設を整備する事業など、一部の補助事業において、女性が優先的に活用できる予算枠（優先枠）を設定する措置を設けることができた。

前回農林水産大臣を務めた平成元年から2年にかけても、女性の能力活用促進については、同様の指摘を行っていた記憶がある。このときの話で思い出に残っていたのが、「婦人・生活課」という課の発足を決めたことであった。

しかし、私が就任した22年9月には、この課は既に存在しなくなっていた。事務方

に確認してみたところ、13年1月の中央省庁再編時に女性・就農課へ、17年10月にはさらに普及・女性課へと名前を変え、それでもこの時点までは「女性」という名の付く課が存在していたのだが、20年8月の更なる組織改編以降は、その課がなくなってしまったとのことであった。

23年6月に農林水産省設置法の一部改正法が成立したことを受け、9月から具体的に組織改編をすることになっていた。この機会を捉えて、私から、農林水産省の姿勢を内外に明らかにするためにも、「女性」という名称を課名の中に復活させるべきだと指示を出した。こうして設置されたのが「就農・女性課」だ。今も経営局で関連施策を担って頑張ってもらっている。

このように、色々な機会を捉えて、農林水産省の職員の意識改革にも努めながら、農村女性により活躍してもらうための努力を行った。女性の活躍促進のための関連施策を紹介する農林水産省のホームページを使いやすく見直したのもその一環だ。様々な案件で上司である幹部職員とともに大臣室に説明に来た女性職員に対し、さらに頑張ってほしいと激励するのも常とした。大臣から声をかけてもらうとは予測もしてないことで、驚いた職員もいたとも聞いた。声をかけたとき、嬉しそうな笑顔を返してくれたことも懐かしく思い出す。

ミスキャンパスの皆さんを「食べて応援学生大使」に

若い女性向け雑誌からの取材で、大学・短大のミスキャンパスからインタビューを受けたこともあった。

彼女らは、我が国の食料事情にも興味を持って様々な活動や米粉を使ったお菓子づくりの魅力の発信に取り組んでいることなど、生き生きと話をされた。

一般的に我が国の若い世代は、高い朝食欠食率、多い脂質の摂取量など食生活がアンバランスで、食や農林漁業への関心度が低いと言われている中で、彼女たちの活動は嬉しいことだ。

これからの日本を担っていく彼女たちが自ら同世代に対する情報発信を行うことで、より多くの人に食料や我が国の第一次産業への関心を持ってもらえないかなと考え、被災地の食品を積極的に食べることを通じて東日本大震災からの復興を支援する「食べて応援しよう！」へのサポートをお願いした。具体的には、「食べて応援学生大使」として、学生生活を通して国産の農林水産物の魅力を特に若い人に伝えてもらう

22年10月、新潟APEC食料安全保障担当大臣会合の会場で、新潟の女性農業者のリーダーたちと

ことにしたのだ。彼女らの一層の活躍を楽しみにしている。

農林水産省から政府全体へ

こうした取組を農林水産省内で進めたわけだが、農林水産政策の範ちゅうにとどまらず、女性のさらなる能力発揮のための環境整備に努力すべきと、閣僚がメンバーとなっている政府内の様々な会議でも強調した。

さらに閣議でも発言し、それを受けて、平成24年1月の通常国会における施政方針演説では、野田佳彦総理が、女性を元気な日本を

取り戻す日本再生の担い手として位置づけ、社会の中でさらに輝いてほしい、と表明した。施政方針演説の中で、こうした言及がなされたことは私の記憶では初めてのことである。

また、24年5月には、女性の活躍による経済活性化を推進するための関係閣僚会議も設置された。各省が具体的な政策の検討に改めて取り組み始めたわけだが、こうした流れは今も続いていると思う。女性がもっと輝き、能力を発揮していく社会の実現につなげるには、こうした取組を一過性のものとせず、一つひとつ地道に重ねていくことが大切だ。世の中の男性諸氏の理解・協力も欠かせない。

第4章　ＴＰＰその１（22年秋）

菅総理の22年秋の臨時国会における所信表明演説

就任してからまだ10日程しか立っていない22年9月末のことだ。

10月1日から予定されていた臨時国会での菅総理の所信表明演説の協議が、在任中ずっと私を悩ませ続けることになるＴＰＰ問題の実質的な始まりであった。

官邸から最初に示された所信表明の案文は、農林水産業を改革しながら、ＴＰＰへの参加を目指すという内容であった。この時点では、私は、そもそもＴＰＰとはどういう協定であるか、詳細に承知をしていたわけではなかった。

これまでの政府部内での議論の状況も確認してみたが、ＴＰＰ参加への方向性が合意されたという事実もないとのことであった。ＴＰＰとは何かについてきちんと議論されないまま、全品目の関税をゼロとするという基本的考え方をそのまま認めることは問題にしなければならなかった。

当然のことながら、農産品にとっては、関税撤廃は余りに影響が大きいからであ る。故に、この時点で総理の所信表明演説で軽々に発言することは避けなければならないという思いと、一方で、この年の６月に閣議決定された「新成長戦略」における「２０２０年を目標にアジア太平洋自由貿易圏（ＦＴＡＡＰ）を構築するための我が国としての道筋（ロードマップ）を策定する」という記述との整合を図る形での着地点の模索に苦心した。

官邸サイドは事務方を通じての調整は一切受け入れなかったことから、私自ら調整に動き、最終的には、総理の発言は次のような言い方となった。

「（東アジア地域の安定と繁栄に向けて）

この秋は、我が国において、重要な国際会議が開催されます。生物多様性条約に関するＣＯＰ１０では、議長国としての重要な役割を果たします。また、私が議長を務めるＡＰＥＣ首脳会議では、米国、韓国、中国、ＡＳＥＡＮ、豪州、ロシア等のアジア太平洋諸国と成長と繁栄を共有する環境を整備します。架け橋として、EPA・FTAが重要です。その一環として、環太平洋パートナーシップ協定交渉等への参加を検討し、アジア太平洋自由貿易圏の構築を目指します。東アジア共同体構想の実現を見据え、国を開き、具体的な交渉を一歩でも進めたいと思います」

埋められつつある外堀

ここにあるとおり、「参加検討」で落ち着いたわけだが、周囲の環境をよく観察してみればみるほど、このあと1カ月ほど「検討」をして、11月に横浜で開催される予定となっていたAPEC首脳会議において、議長国の総理である菅総理からTPP参加を表明するとのシナリオの下で、外堀が埋められ始めているように思えた。

そう感じた一つの理由が、10月8日に開かれた新成長戦略実現会議だ。

これは、「新成長戦略」を実現するために、経済界、大学教授などからご意見を賜る場として設けられている会議体だ。この日は経済連携の推進が議題であったが、TPP参加を含め、経済連携を進めるべきとの大合唱だった。

当時、経済的に躍進していた韓国に比べて、我が国の取組が遅れていて、これでは韓国との差をさらに広げられる、という危機感に裏打ちをされていたところも大きいとは思うが、余りにも安易に「農業との両立」という言葉が使われるのが気になった。同月21日の新成長戦略実現会議でも同様の議論があったため、私からは「ＴＰＰに参加するということは、「関税ゼロ国宣言」をすることに等しい。これはものすごい衝撃でありますよ」と申し上げるとともに、食料安全保障や生物多様性の保全にも目を向ける必要があることを注意喚起し、拙速に判断するのではなく慎重に検討すべきと強調した。後々に話題となる、農業はＧＤＰの１・５％しか占めていない、といった話が出てきたのもこの時期のことだ。

11月13日からのＡＰＥＣ首脳会談前に、この問題に関する政府の方針を取りまとめることも共通認識になってきていたが、閣内からもＴＰＰ参加を声高に唱える者が出てきた。また、直接に言及はしないものの、農業改革の必要性を強調する者も多かった。言外に、そうすればＴＰＰに参加できるでしょう、という意図があることは明白に思えた。

自ら打って出ることでの局面転換

こうした状況を受けて、私としては、関税撤廃を原則とするＴＰＰへの参加表明は、未だ議論も尽くされておらず、何としても拙速は避けなければならない。しかし、単に反対するだけでは説得力を欠くことから、「自らこのような取組を行っていくんだ」という決意を表すことが求められていると思った。

１つは、高いレベルの経済連携の追求という目標に対しては、農林水産省としても積極的に取り組んでいく立場を明らかにすること。

それは、二国間の経済連携の推進である。ＴＰＰと異なり、２国間のＥＰＡ・ＦＴＡであれば、双方の国内事情、つまりセンシティビティに配慮した交渉を行うことができる余地があるのだ。ただし、二国間の経済連携協定の受け入れに当たり必要となる国内対策に要する財源については内閣が責任を持つ、という考え方でなければならない。この「内閣全体として財源を手当てする」という点は、特に大切なポイントだと考えた。それは、従来、農林水産省が経済連携に消極的だった理由の一つとして、例えばＥＰＡが成立したら、自省《じしょう》だけで対策のための財源を捻出すべき、という環境だったことが大きな原因だったからだ。

もう1つは、経済連携とは別に、農業の体質強化に改めて取り組んでいく覚悟の程の姿勢を明らかにすることであった。それは、農政改革の目標達成の時期を前倒しすることである。スピードアップで難局を乗り越えていく思いであった。

こうした考え方を筒井信隆副大臣、篠原孝副大臣など政務三役とも共有し、事務方に対しても、これを念頭に様々な準備作業を行っていくように指示をした。

一方、党においては、山口壮議員を座長とする「ＡＰＥＣ・ＥＰＡ・ＦＴＡ対応検討プロジェクトチーム」において、活発な議論が行われていた。このプロジェクトチームでの議論も十分注視するとともに、しっかりと連携を取っていくよう、政務三役と事務方に併せて指示した。

後に「包括的経済連携に関する基本方針」として11月9日に閣議決定される取りまとめ文書の担当大臣は、玄葉国家戦略大臣であった。人目を避けながら、玄葉大臣と何度も2人だけで会って、文字どおり最終決定に至るまで、率直な打ち合わせをした。

最終的には玄葉大臣も理解を示してくれることとなる。玄葉大臣と共通の考え方に達することができたことが分水嶺になったと思う。玄葉大臣は、党の政調会長も兼務していたことから、党内の雰囲気や連立を組んでいた国民新党の状況にも配慮しながら、自分の考えも固めていかれたのだと思う。

四面楚歌の中での奮闘、取りまとめへ

11月2日朝、関係閣僚の打ち合わせが行われた。基本方針の原案が示され、種々議論を行ったが、TPPへの対応についての記述を除き、概ね合意に達した。

基本的な考え方として、「センシティブ品目について配慮を行いつつ、高いレベルの経済連携を目指すこと」が固まり、また、経済連携交渉と国内対策を一体的に実施する方針も明記され、「農業分野等について国内改革を先行的に推進する」ことで収まった。

対策を検討する場としての政府本部を設置すること、そして、何よりも大切な「安定的な財源確保」という文言を盛り込むことも決まった。概ね、私が思い描いたとおりの内容であった。

残る問題は、肝心のTPPへの対応であった。11月3日にもこの点に絞っての関係

閣僚の打ち合わせが行われた。議論のテーブルに乗せられた文言は、「交渉参加を前提」とする案、「交渉に参加するため」とする案、「交渉を目指す」とする案などで、私からすると、議論のベース自体が受け入れがたいものであった。非常に突っ込んだ、厳しい議論となったが、私の心象風景としては「四面楚歌」の状態であったといえば、この日の雰囲気も幾ばくかは伝わるのではないだろうか。

翌4日夜には、党のプロジェクトチームも取りまとめられた。横浜APECにおける菅総理の発言として、「情報収集のための協議を始める」という表現にするようにとの提言であった。この取りまとめも踏まえながら、さらに玄葉大臣と打ち合わせを行った。

11月5日夕刻、玄葉大臣が農林水産省の大臣室を訪れた。最終案がその手にあった。玄葉大臣は、その足で官邸に向かい、菅総理に説明し、了解を取り付けることになった。その直後、私も官邸で総理と面会した。総理との間では、書きぶりは既に話がついていたので、今後の農業改革への取組が非常に大切になるので共に頑張っていこう、といった話であった。

翌6日夜、関係閣僚委員会が行われ、包括的経済連携に関する基本方針が了承された。ポイントとなる部分の最終的な書きぶりであるが、まず、具体的取組の基本的考え方として、次のとおりである。

「我が国を取り巻く国際的・地域的環境を踏まえ、我が国として主要な貿易相手国・地域との包括的経済連携強化のために以下のような具体的取組を行う。特に、政治的・経済的に重要で、我が国に特に大きな利益をもたらすＥＰＡや広域経済連携については、センシティブ品目について配慮を行いつつ、すべての品目を自由化交渉対象とし、交渉を通じて、高いレベルの経済連携を目指す。」

その上で、ＴＰＰについては、

「アジア太平洋地域においていまだＥＰＡ交渉に入っていない主要国・地域との二国間ＥＰＡを、国内の環境整備を図りながら、積極的に推進する。ＦＴＡＡＰに向けた道筋の中で唯一交渉が開始している環太平洋パートナーシップ（ＴＰＰ）協定については、その情報収集を進めながら対応していく必要があり、国内の環境整備を早急に進めるとともに、関係国との協議を開始する。」

とされた。さらに、農業の体質強化については、

「高いレベルの経済連携の推進と我が国の食料自給率の向上や国内農業・農村の振興

とを両立させ、持続可能な力強い農業を育てるための対策を講じるため、内閣総理大臣を議長とし、国家戦略担当大臣及び農林水産大臣を副議長とする「農業構造改革推進本部（仮称）」を設置し、平成23年6月めどに基本方針を決定する。さらに、同本部において、競争力強化などに向けた必要かつ適切な抜本的国内対策並びにその対策に要する財政措置及びその財源を検討し、中長期的な視点を踏まえた行動計画を平成23年10月めどに策定し、早急に実施に移す。

その際、国内生産維持のために消費者負担を前提として採用されている関税措置等の国境措置の在り方を見直し、適切と判断される場合には、安定的な財源を確保し、段階的に財政措置に変更することにより、より透明性が高い納税者負担制度に移行することを検討する」

とされた。

そして、翌週の9日、この基本方針がそのまま閣議決定されたのである。

早くも第一歩を踏み出す

13日の土曜日の夕刻、APEC首脳会談のレセプションが行われ、私も招待を受けて横浜に赴いた。

歓迎の歌舞伎が上演された後、菅総理やオバマ大統領など各国首脳が舞台に上がって握手をしている姿に拍手を送りながら、私の心の中では、農業改革への取組をどのように進めていくか、ということがこれからますます重くなっていくなと実感していた。

11月19日の夜、NHKのニュース番組に招かれて出演した。経済連携のこと、そして、農業改革への取組といったことが話題になったと記憶している。生放送の出演を終えて出てくると、農林水産省の記者クラブの人たちが待ち構えていた。いわゆるぶら下がり取材で、私が番組で話したことの趣旨を確認する質問を受けた。

そして、私が23年度から戸別所得補償制度に規模加算措置を導入したいと表明したのはこの場でのことであった。

8月の概算要求時には盛り込まれていなかった要素を11月になってから追加するのは異例のことである。事務方にも苦労をかけることになった。また、どうしてこの時期に表明したのかと疑問に思われていた方もいると思うが、私としては、ここで紹介している議論の経緯からしても、農政改革の取組を急ぐ必要があり、23年度から具体的な施策を始められるようにしなければならない、という思いであったのだ。

情報の収集と提供の大切さ

話をTPPに戻すと、関係国との協議を開始するとしたことからこの後野党議員からも追及を受けることになった。

関税撤廃されたときに農林水産業の生産額が4・5兆円減少するとの試算、いわゆる「影響試算」に関することなど、質問の内容も様々であった。

特に悩ましかった質問は、「食料自給率50％とTPP参加は両立できるのか？」という質問だった。自民党を始めとする野党の議員からは繰り返し、繰り返し質問を受けた。

「両立を目指します」と木で鼻をくくったような答弁をするだけではいかがなものか。事務方にも、何か別の言い回しはないのか、とも問いかけたが、言うまでもなく両立は容易ならざることから、適当な表現がなかなか出てこない。考えた末、一時の対応として「様々な施策を組み合わせて対応していきたい」という言い方に落ち着いた。

この11月9日の基本方針の策定後、「開国フォーラム」と銘打って、TPPに関する国民的な議論を起こすための取組も政府全体として開始された。

また、TPP交渉の参加国から、いったいどのような交渉の現状にあるのかという情報を取るための努力も始まったが、私からは、最も大切なことは、情報を国民に提供し、議論をしてもらい、関係者の理解を得ながら判断することだと繰り返し訴え続けた。

第5章　食と農林漁業の再生に向けた取組

食と農林漁業の再生推進本部の発足

平成22年11月9日に閣議決定された「包括的経済連携に関する基本方針」を受けて、22年11月30日、総理を本部長とする政府内の機関として「食と農林漁業の再生推進本部」が、同じく総理を議長として外部有識者の方々にも参画頂いてご意見を求める「食と農林漁業の再生実現会議」が発足した。

いよいよ食と農林漁業の再生に向けた議論・取組が本格的に始まることになったのだ。単に「農林漁業」の再生とせず、「食」という言葉を掲げたのは菅総理の意向でもあった。国民の生活に必要不可欠な食料に関連する大切な問題を議論する場であり、決して第1次産業だけの課題ではないことを示すものである。私も、国家戦略担当大臣と共同で、副本部長、副議長として議論に参画することとなった。実現会議の下には、副大臣が参加する幹事会を設け、さらに広い範囲の有識者の方々からご意見を求める体制も取った。

最終的には23年8月に中間提言が、さらに10月には「我が国の食と農林漁業の再生のための基本方針・行動計画」として最終取りまとめがなされ、7つの戦略が位置づけられることになるのだが、ここでは、我が国の将来を考えたときに特に重要な論点を紹介したい。

目指すべき姿と実現時期—10年から5年に前倒し—

第一には、コメを中心として、我が国の土地利用型農業の今後目指すべき姿をどう考えるか、また、いつまでにこれを実現するかをめぐる議論だ。

目指すべき姿については、規模拡大が進めば進むほどいいのだろうが、日本の地勢を無視した荒唐無稽な目標、例えばオーストラリアは平均3000ヘクタールだ、アメリカは200ヘクタールだ、などと言ってみも意味がない。目安として、1集落当たりの水稲作付面積が、平地では20ヘクタール程度、中山間では10ヘクタール程度である旨を実現会議でも説明し、議論に供した。

こうした中、23年６月に開催された実現会議の場で、委員として参加してもらっていた茂木全国農業協同組合中央会（全中）会長から、我が国農業の実態を踏まえると、我が国の集落単位である20～30ヘクタール程度に１経営体を基本とすることが適正であること、中山間では１集落10～20ヘクタール程度で複合経営を基本とすること、という具体的な姿の提案があった。農業の現場を十二分に理解し、また、これまで規模拡大を進めるのがいかに大変であったか、最も分かっている全中会長からこのような提案がなされたのだ。

このことは、実現会議の他の委員の皆さんも、それなりの覚悟に基づく提案だと受けとめたはずだし、私もそうであった。この日の提案をきっかけに議論の着地点を見いだしていきたいという気持ちであった。

一方で、目指すべき姿の実現時期については、就任直後から、10年くらいの期間を新たな農業の姿を作る移行期間として取り組んでいきたいと述べてきたが、それではスピード感に欠けるとの思いを固めていた。このため、実現会議での検討が開始直後の22年12月の時点で、10年から5年に前倒しして取り組んでいくことを、私から内外に明らかにし、覚悟の程を示したのである。極めて困難な目標であることには間違いないが、取り組んでいくしかないとの気持ちであった。

農地の出し手対策、新規就農支援

最終的には、今後5年間で、平地で20～30ヘクタール、中山間地域で10～20ヘクタールの規模の経営体が大宗を占める構造を目指す、という目標を掲げたわけだが、然らば、このような姿を実現するために、どのような政策が必要か。

もともと戸別所得補償制度は、一律の助成単価を設定することで生産性が高ければ高いほど得をする仕組みとすることにより、生産性向上努力を促すように設計されている。加えて、23年度からは、私自ら大臣折衝も行って規模拡大加算を導入していた。

これらは農地の受け手に着目した対策だ。しかし、私は、これまで農政に携わってきた経験から、農家はいかに農地への思いが強いかということを、身にしみて分かっていた。受け手対策だけでなしに、出し手の背中を押すような、何らかの措置が必要だと考えていた。しかも、地域全体で受け手と出し手をうまく関係づけないと、経営規模自体は大きくなったけど、農地はあちこちに分散して、いっこうに生産性が高まらないといった状態にも陥りかねない。このため、各集落で、徹底的な話し合いを行ってもらい、「この人」に地域農業の将来は任せよう、という合意を得ながら進めていく。

農地の出し手に対する助成も、こうした地域での話し合いの裏付けがある場合に行っていく、という考え方に立って、24年度概算要求に盛り込んだ。とはいっても、このような合意を積み重ねていくことは並大抵のことではない。市町村合併が進み、自治体で農政を担当する職員の数も減っている。農林水産省が必死になって動かなければ事態は変わらないと職員を鼓舞した。

農業を担う者の高齢化が進む中、いかにして若い担い手を増やすかも非常に大切な論点であった。

日本では、農業以外の産業とのバランスということもあったのだろうが、新規就農した人への支援措置としては、融資と農業用機械などの投資への助成に限られてきた歴史があった。

しかし、新規に就農したばかりの人は、栽培技術も未熟だし、そもそも農産物がちゃんと収穫できるのかすら分からない。しかも、収穫ができたとしても、意にかなった価格で売れるかどうか分からない、非常に不安定なものである。このことが農業という職業に興味はあっても、実際に参入することを躊躇する原因になっていると思われた。

フランスに目を転じると、若い就農者に対して、一括してまとまった助成金を交付し、当面の生活を支える仕組みがあるという。事務方をフランスに派遣して勉強させたところ、この支援策を講じた後では、若い農業者の割合が大幅に増加したことも分かってきた。このフランスの政策を実現会議の場でも紹介し、若者の就農意欲を喚起し、そして就農した後においてもきちんと定着をさせていく上で、非常に参考となる仕組みだと訴えた。

財務省は消極的であったし、また、農林水産省の中にもそんなことができるのかといぶかる声もあったことは事実だが、「やらなければ」との決断で、24年度予算において毎年150万円ずつ助成する事業の創設にこぎつけた。しかも、本家のフランスでは1年きりの施策であるのを、「就農前の2年間と就農後の5年間」、合わせて7年間助成しますよという仕組みにした。

これまでにない画期的な政策を導入することができたと思っている。

農林水産行政を国政の中心に

こうした議論を行う過程において、私は、農林水産行政が国政の中心に位置づけられなければならないとの思いをさらに深くしていった。

「農は食をつくり」、「食は人をつくり」、「人は国をつくる」。まさに農は国の力だ。

このことを考えたときに、農林水産行政は国政の真ん中に位置づけられるべきであることを、報道機関からのインタビューに答える形で、あるいは、国会での農相所信表明演説の形で、繰り返し発信した。政府の中でもこのことへの受けとめがなされていったと思う。

これを裏付けるのが、23年12月に閣議決定された「平成24年度予算編成の基本方針」だ。24年度予算で特に重視する政策分野が書かれている文書なのだが、日本再生に向けた重点5分野の中に、東日本大震災からの復興、経済分野のフロンティアの開拓、分厚い中間層の復活、エネルギー・環境政策の再設計と並んで、農林漁業の再生が位置づけられたのだ。このことを紹介しておきたい。

戸別所得補償制度の法制化

ここで戸別所得補償制度の法制化についても触れておきたい。農政がクルクル変わることを評して「猫の目農政」との揶揄があることは余りに有名だが、農家の生活を考えたときに、安定した形で政策を継続していくことが何よりも大切であり、そのためには戸別所得補償制度も法律の形にすることが非常に重要だと考えていた。

現に私も国会で、赤松元大臣及び山田正彦前大臣と同様に、23年度に向けての法案提出に前向きな答弁をしてきていた。しかし、当時の状況はというと、22年8月の参議院議員選挙で民主党が過半数を割っており、いわゆる「ねじれ国会」であった。野党にも戸別所得補償制度自体には一定の評価をしていた議員も多いと思うのだが、マニフェストの主要施策であり、「ばらまき4K」と呼ばれるものの中にも位置づけられていたため、たとえ農水委の現場で実質的な合意が得られたとしても、簡単に法案が成立するとは思えなかった。

それでも提出して欲しいとの声も一部から届いていたのだが、より気になっていたのは、万が一にも法案が成立しなかった場合の影響だ。法案不成立となると、関連する23年度予算の執行もできない。戸別所得補償制度による助成金があることを前提として営農計画を立てた農家の皆さんにも大変なご迷惑をかけることになってしまう。こうした情勢判断の下で、最終的には、23年の通常国会には法案提出をしないという判断を下し、予算措置で対応した。

大震災への対応に追われるままに半年が過ぎた23年8月には、公債特例法案の可決に際して、民主・自民・公明三党の幹事長間で「民主党主要政策に関する確認書」が交わされることとなった。いわゆる「三党合意」だ。

この中で「農業戸別所得補償の２０１２年度以降の制度のあり方については、政策効果の検証を基に、必要な見直しを検討する。」、「２０１２年度予算の編成プロセスなどに当たり、誠実に対処することを確認する。」とされた。

８月に党の代表選があったことに伴い、党全体の体制が変わったこともあるのだが、この確認書に基づく検証・見直しのスタート時期がずれこみ、協議に十分な時間を取ることができないまま24年度予算の編成を終えることになった。24年の通常国会の開始時点においても法案を提出するには至らず、その後も、党として精力的に調整され、また、見直しを行う部分について、共通認識も形成されつつあるとの感触も私なりに得ていたのだが、結果としては、在任中に法律の形にまとめられなかった。

食と農林漁業の再生のための7つの戦略

最終的に、23年10月、総理を本部長とする食と農林漁業の再生推進本部で「我が国の食と農林漁業の再生のための基本方針・行動計画」が取りまとめられたわけだが、この中で、具体的に7つの戦略を掲げた。

戦略1　競争力・体質強化（持続可能な力強い農業の実現）、戦略2　競争力・体質強化（6次産業化・成長産業化、流通効率化）、戦略3　エネルギー生産の農山漁村の資源の活用を促進する、戦略4　森林・林業再生（木材自給率50％をめざし、森林・林業プランを推進する）、戦略5　水産業再生（近代的・資源管理型で魅力的な水産業を構築する）、戦略6　震災に強い農林水産インフラを構築する、戦略7　原子力災害対策に正面から取り組む、の7戦略だ。

今後、農林水産行政をどのように展開していくか、状況に応じて多少の戦術の変化こそあるだろうが、その「幹」、「柱」とでも言える、新しい第一次産業の方向性を示すことができたと自負している。

第6章　諫早湾干拓事業

22年12月の福岡高裁判決

私の在任中、最も頭を悩ませることになった懸案の一つが諫早湾干拓事業をめぐる問題への対応であった。

平成22年12月6日、福岡高裁から、諫早湾干拓地における潮受堤防の撤去等を求めた訴訟、いわゆる佐賀諫早湾訴訟に対する判決が言い渡された。

「防災上やむを得ない場合を除き、3年以内に、5年間にわたり潮受堤防排水門の開放を行うべき」とする、国敗訴の判決であった。上告期限は同月20日。どのような対応を取るか、内閣官房や法務省とも協議をして、早急に政府全体の方針を決める必要

平成23年1月、諫早で干拓地や調整池を視察

があった。

広く知られているとおり、諫早湾干拓事業については、長い歴史がある。様々な経緯の中で、関係する県で立場が全く違っているし、同じ県の中でも立場が異なる方がいる。非常に難しい判断を迫られることになった。8日には、中村県知事をはじめとする長崎県関係者と古川県知事をはじめとする佐賀県関係者、それぞれ面会し、上告すべき、判決を受け入れるべき、とのまったく逆の内容の要請を受けた。

一方、政府与党での動きとしては、「諫早湾干拓事業検討委員会」

が、この年の4月28日に「開門調査を実施することが適当である」旨の取りまとめを行っていた。この委員会は、当時の赤松広隆大臣の命を受けて、郡司彰副大臣、佐々木隆博政務官、関係する福岡県、佐賀県、長崎県、熊本県選出の国会議員、連立与党の立場で参加する議員をメンバーとして立ち上がり、開門調査の是非を検討した委員会だ。

しかし、この取りまとめは、委員会の総意ではなかった。長崎県を代表する委員である西岡武夫議員等は反対で、座長である郡司副大臣の判断で取りまとめた旨が記述されていたのだ。ある意味、異例の報告でもあったわけだが、まさに、双方の立場の違いの大きさをよく表しているものであった。

こうした状況を念頭に置きながら、当時法務大臣を兼任していた仙谷官房長官や福山哲郎官房副長官とも協議した。その結果、「高裁の判決を受けとめ、開門調査はやる。しかし、この判決に対する対応としては、和解を求めることを含め、上告する」という道しかない、というのが農林水産省政務三役を含め、一致した意見だった。上告せずに高裁判決を確定させると、長崎県関係者の激しい反発を招くことは目に見えていたし、開門に必要な地元の理解と協力が得られない可能性も極めて大きかったからだ。

菅総理の決断

12月15日、菅総理にこの方針を相談することになる。しかし、総理の判断は「上告せず」であった。ご自身が09年の諫早湾の締め切り以来、現地に何度も足を運ばれ、様々な知見を持っている中での、総合的な判断だとの話であった。

私からは、農林水産省は上告方針だったが、総理の判断で上告せずとなったことを外向けにも説明すること、防災対策に財源が必要となるので、政府全体で対応するとのことを総理に飲んでもらった。

「上告せず」との方針は、同日、菅総理ご自身が発表された。当然ながら、長崎県サイドの反発は非常に大きいものであった。判断の中身も当然気に入らないし、更に、長崎側に何らの相談もなく決めて発表するというプロセスに対する怒りも大きかった。開門を命ずる判決の履行義務を政府として負っていることを考えると、生活上、営農上、漁業上の影響に十分配慮しつつ、開門の方法、時期、期間といったことを決めていく必要があり、それには長崎県サイドとの十分な話し合いが不可欠だった。

このため、翌日にも長崎に飛んで説明をさせてもらえないかと打診したが、長崎側からは、決まったことを説明してもらっても仕方ない、上告期限まではまだ時間があるので再考して欲しいとの話であり、断念した。

上告期限となる20日の夕刻には、長崎県知事その他の関係者の皆さんが総理に直接要請される場があり、私も同席したが、予想どおり、非常に「荒れた」面会となった。

諫早現地訪問時の長崎の方からの厳しい声

諫早に初めてお邪魔することができたのは、結局、年が明けてからの1月23日になった。

現地を視察するとともに、上告断念に至った経緯や考え方を説明させてもらった。発言される方、される方、怒り一色であった。

特に、新干拓地で営農している方から「俺たちは農林水産省を信じてやってきたんだよ！　本当に腹が立ってやっていられない！」とのお話があったときは、正直、堪えた。我慢、我慢であった。このお話を含め、皆さんから頂いた意見に対しては、誠心誠意対応させて頂くとしか答えようがなかった。この後も、23年6月に環境アセスメント素案の説明に、また、同年9月にはこの素案に対して長崎県から頂いた回答の説明にと、都合3回、諫早を訪れたが、皆さんのお気持ちに変化はなく、非常に厳しいなというのが偽らざる気持ちであった。

この間、高裁判決で命ぜられた開門期限の25年12月に向けて、詰めなければならない難しい論点が沢山あった。

例えば、開門の程度。即時全面開門、潮受堤防内側の調整池の水位を調整しながら開門する制限開門、制限開門から始めて全面開門に至る段階的開門の選択肢があった。制限開門も、許容する調整池水位の変動幅の取り方が大小ある。当然ながら、それぞれのやり方によって、防災上の悪影響が生じないようにするために必要な対策の規模も異なってくる。

そもそも長崎においては開門を前提とする議論自体が受け入れられないとのことであったが、佐賀と長崎でそれぞれ好ましいと思う方法は当然別であった。また、例えば、干拓地の農業用水の確保方法。深い地下から地下水を汲み上げる方法、川から水路を引いて予め貯水池に溜めておく方法、海水を淡水化する方法といった方法が考えられた。

これも、それぞれで地元調整の難易度などが異なってくる。地下水汲み上げ案を長崎で説明させてもらった際には、地盤沈下の危険性があると何度も何度も言ってきたのに、なぜ理解できないのか、との厳しい意見を頂く場面もあったことを記憶する。

佐賀の方からのお叱り

長崎サイドとの調整が難航する一方で、原告弁護団を含め、佐賀サイドからは、農林水産省は判決を本気で履行する気があるのか！　とのお叱りを受けることとなる。

9月に長崎を訪れた際、皆さんの声を聞いて、私のその場での判断で「制限開門で行くほかない」との考え方を述べたのだが、これに対しても、裁判で勝った原告側の意見こそ最優先すべきだと強く抗議を受けた。

古川県知事からもずっと要請を受けていたが、佐賀の現地を訪問できたのは24年4月であった。

佐賀空港に着陸する飛行機の窓から、ノリ養殖施設が近辺のいっぱいに広がっているのを見た。この日、ノリ養殖やタイラギ漁をされる方々からお話を伺う場もあったのだが、豊かな海がいかに失われてしまっているか、潮の流れがいかに変わってしまったか、など切々と訴えられた。開門期限の12月はノリ漁の最盛期で、この時期に開門して調整池から大量の淡水が排水されると悪影響が懸念されるため、前倒しして開門すべきだとの強い意見もお伺いした。こうしたお気持ちはよく理解できる。長崎のことも思うと、悩みは深まるばかりであった。

25年12月に向けて、農林水産省では悩みが続いていると思う。誠心誠意ことに当たるほか方策はない状況に変わりはないだろうが、何とか光を見いだせる状況になって欲しいと思う。

【コーヒーブレイク１　大臣室での一日】

第１章の冒頭でも触れたとおり、農林水産省の大臣室は、前回務めたときと同じ、記憶に残るままの状態であった。

東日本大震災の発災後は、ここが省の対策本部となり、また、被災地から自治体や関係団体の方々がいらした際にお話をお聞きする場ともなる。

人によって過ごし方は様々であろうが、私は、閣議や国会に行ったり、各種の式典に大臣として挨拶に出かけたりなどするとき以外、大臣室に陣取っていることを基本とした。緊急案件があったときにもすぐに対応できるし、私なりの大臣としての責務の果たし方であったのだ。

とはいえ、様々な政策案件のレクチャーを受けているうちに夕方になってしまった、という方がより実態に近いかもしれない。説明、報告の連続である。日によっては、お昼を普通に（ゆっくりではない！）食べる時間ももらえないまま、とにかく大臣の耳に、と説明を聞くことを求められ、正直閉口することもあった。

多くの時間を過ごした大臣室の隣室には私の直属スタッフが控えていて、サポートをしてくれた。政務案件を取り仕切る政務秘書官、国会対応を始め公務全般を支える事務秘書官、その指示を受けて省内との連絡調整を行う次席秘書官、スケジュール調整を行う秘書係長、来客応接などを行う秘書係員２名、さらに大臣車の運転手、警視庁から派遣されている警護官（ＳＰ）の面々、これが「チーム鹿野」となり、しっかりと私を支えてくれた。感謝している。

［第２部］

第７章　東日本大震災発災直後―水・食料支援―

発災直後の混乱

平成23年3月11日14時46分。それは、参・決算委の審議に出席中のことであった。委員会室のシャンデリアが右に左に大きく揺れていたのが印象に残っている。揺れが治まった後、委員会の中断が宣言された。

これが私の大震災対応の始まりであった。

多くの方が家族を失い、家を失い、着の身着のままで、まだ寒さ厳しい中、避難所などでの生活を余儀なくされることになった。被災地の皆さんの手に一刻も早く水と食料を届けること、これが発災直後における農林水産省の最大の使命であった。しかし、初動がうまくいったとは言いがたい。原因はいくつかあった。

一つには、食料支援の基本的な仕組みが、まず県知事からの支援要請ありき、というシステムとなっていたことだ。しかも、こうした支援要請をした場合、その費用の一部は県の負担になるとされていた。このため、12日夜の官邸での対策本部において、県が財政負担を心配して動きづらくなっているような状態は直ちに解消すべきだと強く申し上げた。

13日には野田佳彦財務大臣から、予備費を使用し、県の負担をなくしましょうと発言があり、正式には14日に302億円の予備費使用が決定されることになった。

また、県からの支援要請を受けてからの対応を待っていては後手後手に回ってしまうことも明らかであった。求められた物資の種類や量を食品製造事業者に伝え、作ってもらい、そして運搬するというのではスピード感も何もない。

そもそも、どこにどれだけの数の被災者が避難していて、どれだけの量の水と食料が必要なのか、県当局が把握できる状況にあるとは思えなかった。

後々、余りが出て問題になったら責任はすべて自分が取るから、支援要請を待つことなく、とにかく水、おにぎり、弁当、パンなどを用意するだけ用意して、どんどん被災地に送り込むようにと指示を出した。

更に遅れの原因となったのは、食料を輸送するための燃料が不足していたことだ。被災地まで支援物資を運ぶことはできても、帰り分のガソリン給油を現地で受ける目処が立たないという報告を何度も聞いた。

自衛隊の力を借りるほかないと思い、北澤俊美防衛大臣に最大限の協力をお願いした。行方不明者の捜索を始めとして、相当の負荷が自衛隊にかかっている中ではあったが、すぐさま動き始めてもらえた。

できることはすべてやる

こうした手を次々と打ったのだが、テレビからは、依然としてある地域では十分な食料が届いていないという現状が報じられていた。

これを受けて、本当にみんなが危機感を共有しているのかと省内での会議では机を叩きながら大きな声を出してしまったこともあった。多くの職員がほとんど不眠不休で頑張ってくれているのを承知はしていたが、それでも被災者の方のことを思うと、結果が出なければ意味がないとの思いであった。

水産庁の漁業取締船も支援物資の運搬に活用するよう指示を出した。現地まで到着してもガレキが散乱する港に接岸できるかどうかも分からない状況であったが、できることはすべてやるんだという強い思いだった。

14日夕刻に有明埠頭から水や食料、粉ミルク、毛布、軽油などを積んで出航した。福島沖を遠く迂回して行く必要があったことから、当初の予定よりも遅れての宮城県への到着であったが、当時完全に陸の孤島となっていた牡鹿半島の各地に支援物資を供給することができた。漁船がピストン輸送するようなやり方で、地元の方にも協力してもらったと聞いたが、さらに大きな貢献もできた。

当時は、牡鹿半島の方々の安否すらまったく分かっておらず、関係する方々の心配が募っていたのだが、水産庁の職員が安否情報、メッセージを託されたのだ。早速、石巻市当局にお渡しをし、テレビでも取り上げられた。また、農林水産省のホームページでも掲載させてもらったところ、安否確認できた方々から非常に感謝を頂いた。苦労もかけたと思うが、この運搬に携わった職員も役に立つことができ非常に嬉しかったことと思う。

発災直後から、地方農政局や森林管理局の職員を最大限動員して、被災地支援にあたらせるように、という指示も繰り返していた。現場では絶対に頼りにされるという確信があった。

官邸での対策本部の時に片山善博総務大臣からも発言・報告があったが、今回の大震災では沿岸部の市町村が壊滅的な被害を受け、市町村機能が完全に麻痺していた。県の機能も同様に低下しており、現場がどのような状況になっているかの把握すら難しかったというのが実態だ。

従来の災害対応の枠組みは、「国―都道府県―市町村」というシステムが機能することを前提として考えられていたので、最も重要な現場を担う市町村機能が麻痺する中にあっては、色々なことが滞るのは当然のことであったかもしれない。

農林水産省の地方部局の職員を通じた状況把握等については、田名部匡代政務官に指揮監督を委ね、細やかに対応してもらった。

食品産業・外食産業からの暖かい支援

この間、食品産業・外食産業の皆さんからも力強い支援を頂いた。

農林水産省から、こういう食料を、この日までに、これだけの量の準備を、という連絡をし、フル操業で対応してもらったのだ。全面的なバックアップがなければ、もっと大変なことになっていただろう。一例を紹介すると、日清食品ホールディングスからは、早くも3月13日に100万食の即席麺を無償で提供するとの申出を頂き、その後更に100万食を加えて頂いた。お湯を供給する機能を備えた車も被災地に出してもらった。また、吉野屋ホールディングスからは、キッチンカーでの炊き出しで牛丼を提供して頂いた。

温かいラーメンや牛丼が、まだ底冷えのする中で、どれだけ被災地の方々にとってありがたいことであったかと思う。ご協力頂いた皆さんへの感謝の気持ちをお示しする一端として、農林水産大臣名の感謝状を贈らせて頂いた。山崎製パン、佐藤食品工業、全日本清涼飲料工業会など、食品業界・団体に対し、感謝の気持ちで一杯である。

こうした取組の結果、23年中に、2、584万食、飲料762万本、育児用粉ミルク5万3千缶を支援することができた。

農林水産省と連携した取組のみならず、民間の方々が独自のイニシアティブで被災地へ様々な形での食料支援を頂いたことも周知のとおりだ。国民の皆さん一人ひとりが、被災地のため、自分にできることはないかと考えて下さった、その発露の一場面をなすものだと思っている。

歌手の小林幸子さんも、コンサートツアー用のトラックにコメやお饅頭を積んで、自ら被災地に入り、皆さんを励まされた。しかも、このコメは、小林さんが新潟県の棚田で作ったものだと承知している。小林さんには、私自らお願いして、23年1月25日に農林水産省の「お米大使」にご就任を頂いていた。

私は、国民の皆さんに我が国農業に対してもっと関心を持ってもらいたいと常々思ってきたのだが、その象徴はやはりおコメだ。コメに対する関心を喚起していくことを通じてＰＲしていくことが有効なのではないかと考えた。

この点、自らコメ作りにも取り組んでこられ、老若男女問わず幅広い世代に対する圧倒的な知名度もあるのが小林さんだ。そのお力を借りたいと考えての就任要請であった。小林さんの被災地への食料支援は、被災地の皆さんへの思いと農業を愛する気持ちの表れであったと想像する。

首都圏で広がる不安への対応

食料供給をめぐっては、被災地のみならず、東京圏でも品薄が生じており、特に、コメと飲料水が問題となっていた。

13日の時点で蓮舫消費者担当大臣から、その兆候が見られる旨の情報提供もあったのだが、事務方に確認してみると、コメについては地方の倉庫にものはあるのだけど、ガソリンがないため東京まで運べないとのことであった。

資源エネルギー庁に話をして、優先的にガソリンを供給してくれとのお願いをし、事態が改善に向かった。飲料水は、水道水中から放射性物質が検出されたことの影響が大きかったが、ペットボトルのキャップの製造施設が被災でダメージを受けていて、供給が追いつかないという事情もあった。

通常であれば商品ごとに様々な色のキャップが使われているのだが、とにかく供給量を最大にするのを最優先にということで、統一仕様のキャップを使用する取組もしてもらった。

家畜の飼料や農業用重油への配慮

発災後、多くの方々が避難所で十分な食料もなく寒さに震える状態が続いていた。食料輸送のためのガソリンですら不足し、避難所の暖房用灯油や病院などが自家発電に用いる重油も不足していた。また、大畠章宏国交大臣の指揮の下、国交省が格別の努力をして東北自動車道を何とか最低限の通行に耐えられるよう復旧・維持しており、通行可能な車両も大幅に限定しているとの状況もよく承知していた。

そのような中、家畜用の飼料供給が途絶していて農家備蓄分もなくなりつつある、また、ハウスなどを加温する農業用の重油も尽きかけていると、東北地方の畜産農家や園芸農家からの悲鳴の声が届き始めていた。

人命最優先で政府全体があらゆる努力を傾注する中ではあったが、農家にとっての頼りは当然農林水産大臣だ。農家の声も代弁するのが私の役割だとの思いで、中野寛成国家公安委員長にお願いをして、飼料運搬車を緊急通行車両に位置づけてもらうなどの対応を取った。

教訓を未来へ

発災後の初動対応については、反省の余地が沢山ある。

今回の経験を無駄にしないよう、実際にやれたこと、改善すべきことなどを整理して、農林水産省として後にきちんと引き継いでいくようにとの指示を出した。もちろん、農林水産省だけでは対応できない問題もあるため、内閣府の防災担当等とも認識を共有してもらうようにした。

その一例が、「県知事からの要請を待っての食料支援」という仕組みだ。災害の規模や被災状況によっては、これを待つことなく食料を送り込む「プッシュ型」の支援を制度的にも確立していくべき考えを指示した。担当局で細部にわたって詰めを行い、大部のマニュアルとしてまとめたと在任中に報告を受けた。

政治主導のあるべき姿の体現

農林水産省においては、以上書いてきたような取組を政務三役と事務方がまさに一体となって行った。

これをもっともよく表すのが、日々の連絡・打ち合わせ体制だ。

私は、発災直後は毎日、日によっては何度も、官邸で開かれる緊急災害対策本部や原子力災害対策本部に出席していたが、副大臣、政務官、事務方幹部に対し、私が官邸を出て本省に向かった時点で、いつでも大臣室に集合できるよう指示を出した。

官邸での議論・指示をすぐに伝えるとともに、農林水産省としての対応方向を決め、迅速に着手するためだ。大臣室に置かれていた来客対応用のソファーセットも撤去し、代わりに折りたたみ椅子を並べ、できるだけ多くの事務方が一緒に話を聞けるようにした。本当に異例のことだと思うが、大臣室そのものが、農林水産省の「対策本部」となったのだ。

官邸での会議の開催にかかわらず、毎日、夕方になると「対策本部」に政務二役と事務方が集まって、現状報告とそれを踏まえた対処方針の確認を行った。事務方だけではなかなか他省庁との調整がうまくいかず、前に進まない、といった事情が明らかになったら、すぐに副大臣又は政務官、場合によっては私自身が調整に動き、一つ一つ課題を解決していくように努力を続けた。後で詳しく触れるが、放射性物質に汚染された農産物の出荷制限指示を出すに至る過程においては、筒井・篠原両副大臣と事務方とのチームワークが十二分に機能したと思っている。

この「対策本部」は毎日継続し、ゴールデンウィークまで続けられることになった。事務方からすると、前日夕方に指示された案件への対応がどうなっているか、指示の翌日には報告を求められ、結果が出ていないと何を言われるか分からないため、相当大変だったと思う。しかし、省内の主要なメンバーが一堂に会する形をとったからこそ、常にその時点時点での最大の課題は何か、しっかりと認識を共有できたわけで、このことは非常に大切だったと思う。

この共通認識があればこそ、ときの最重要課題の主担当部局を他の部局が自然とサポートする雰囲気も出たし、各部局がバラバラに動くこともなくなっていたものと思う。このときの日々は、事務方にとっても非常に印象に残っているようだ。

「政」が方針を決定し、責任を負う一方で、「官」がそれを支え、知恵を出し、細かな詰めを行うという、政治主導のあるべき姿を体現したやり方ができたのではないかと思う。

第８章　放射性物質の暫定規制値の設定と出荷・作付制限

放射性物質の規制値がない

３月12日には東京電力福島第一原発一号機で水素爆発も発生し、大量の放射性物質が環境中に散逸したことが明らかとなってきていた。

既に事故発生直後から、近辺で生育している農産物は大丈夫なのか、危ないものがいつの間にか出荷されていたといった事態は絶対に食いとめるべき、との問題意識が農林水産省内で共有されていたのだが、具体的な対応をどうするか、迅速に政府内で意思決定する必要に迫られることとなった。

放射性物質で汚染された農産物の流通・販売を実際に規制するためには、どういうものが食品として適すか、適さないかの明確な区分が必要だ。

この区分基準となるのが食品衛生法に基づく規制値である。

例えば、ある農薬については5ppm以下とか、具体的な規制値が予め定められていなければ、規制を適用しようがないことになるわけだ。

ここでまず問題となったのは、農林水産省で食品安全を担当する消費・安全局によると、その時点では放射性物質に係る食品衛生法上の規制値が存在しないということであった。

言葉を換えると、放射性物質がこれだけ含まれていたらダメですよ、という決まりがないということだ。当然ながら、本来であれば食品衛生法を所管する厚生労働省が議論をリードするべき話だ。

しかし、農林水産省の事務方は、厚生労働省の腰が重いと憂慮の念を深めていた。越権的な行為かとも思わないではなかったが、ことは人間の健康に関する話である。また、このような規制値が導入されると生産現場にも様々な影響を及ぼすことも予想され、私が政府内での議論を主導することで、農林水産省全体の意識改革も図りながらこの問題に対処していかなければならない、との強い思いを持ったのである。

とにかくスピード感が命だ。この危機感に突き動かされ、15日の昼過ぎに官邸で開かれた原子力対策本部において、私から、とにかく一刻も早く基準値を決めて欲しい旨を発言した。

これに対し、原子力安全委員会の斑目委員長からの回答は、既に規制値は存在するというものであった。

斑目委員長の発言の基となっていたのは、原子力安全委員会がまとめていた「原子力施設等の防災対策について」という文書であった。この中に「飲食物の摂取制限に関する指標」の記述があり、例えば、野菜で放射性セシウムが500ベクレル／kg以下などとする旨が確かに書かれていた。

しかし、ここには勘違いがあった。この「指標」は、同文書にあるとおり「災害対策本部等が飲食物の摂取制限措置を講ずることが適切であるか否かの検討を開始するめやすを示すもの」、あくまで「目安」であったのだ。このままでは流通・販売規制を行うことはできない。

このため、16日お昼頃であったか、私から枝野幸男官房長官、細川律夫厚生労働大臣、蓮舫食品安全担当大臣にこの旨を電話し、今日中に何らかの決定を政府として行うべきだ、と強く申し入れた。

本来であれば、「厚生労働大臣から食品安全委員会に諮問し、答申を受ける」という手続きが予定されているが、緊急を要する場合にはこの限りでないとの規定があることから、関係大臣、すなわち、厚生労働大臣と食品安全委員会担当大臣との合意で、暫定基準値の設定を行うべきとの考えであった。

このような事前調整を経て、同日16時からの原子力対策本部において、細川大臣から、「原子力安全委が目安として示している「指標」を食品衛生法上の暫定規制値とする」旨の発言がなされ、道筋が立ったと思われた。しかし、ここで議論は終わらなかった。

関連して詰めなければならない様々な事項があったのだろうが、その日の夜になっても、なかなか厚生労働省から暫定規制値が発出されない。この間、一体どういう状況になっているのか、と筒井副大臣、篠原副大臣と大塚耕平厚労副大臣、岡本充功厚労政務官との間で綿密な連絡を取ってもらった。

この結果、やっと翌17日お昼過ぎになって、厚生労働省から放射性ヨウ素で2,000ベクレル/kg、放射性セシウムで500ベクレル/kgを基本とする暫定規制値が発出されたのである。

原災法に基づく出荷制限という手法の採用

何とかここまでたどり着いた訳だが、暫定規制値の設定はあくまでスタートラインに過ぎない。

問題は、この暫定規制値を超える食品が国民の口に入らないような体制、安全なもののしか市場に出回らない体制をいかに整えるか、ということだ。

ここで根本的な問題があった。放射性物質の濃度を検出できる検査機器の数が限られていたということだ。この制約の下で、どの農産物から優先して検査をするか、県と国との役割分担はどうするか、どのようにサンプルを採取するか、といった細かな技術面を含む論点を一つ一つ、事務方に詰めさせた。

このような作業を進めている間に、19日には、福島や茨城の原乳やホウレンソウなどから、暫定規制値を超える数値が現に検出され始めた。20日には栃木や群馬のカキナにも広がった。

すべての食品を検査することは不可能であるため、予め一定範囲に網をかけて出荷を規制するような措置を講じないと、国民の不安を更に増加させてしまう。

一方で、何の落ち度もない農家の生活がかかっている。また、関係する各県からは、その県の農産物すべてが危険かのような誤解を与えるようなことになるのは耐えがたいとの声も届いており、これらの点に目配りしながらの対応を迫られた。

翌週の月曜日、21日は祝日であったのだが、翌22日には卸売市場が動き始める。何らかの整理を21日中に明らかにして、きちんと情報を伝えなければ流通が大混乱することは目に見えていた。

官邸や厚生労働省、関係各県との調整が断続的に続いた。最終的には、原子力災害対策特別措置法第20条3項に基づく内閣総理大臣指示の形を取って、対象となる農林水産物の種類や収穫された区域を限定しつつ、食品の出荷制限指示を発出することとした。

ここでのポイントは、出荷制限の実効性を担保するため、農家に対し事後的に適切な補償が行われるよう、政府として万全を期すことを明示したことである。21日の夕刻、枝野官房長官がこの旨を発表し、何とか週明けに向けた最低限の対応までこぎつけたのであった。

こうした対応をしながら私の胸中に去来していたのは、原発安全神話は食べ物の世界にもこれだけの関係があったのだ、ということであった。

本来であれば、万が一原発の事故が起きたときにどうするかということを予め検討して、備えておかなければならなかったということなのだろう。

しかし、我が国にあってはそのような検討を行うこと自体がタブーとされてきた面があったのではないだろうか。決して民主党政権での対応について自己弁護するわけではないが、こうした歴史の積み重ねの下で対応を余儀なくされた面は否定できないと思う。

コメの作付制限

以上述べてきた対応は、あくまで出発点であった。この後、様々な課題に、文字どおり次々と、対処を迫られていくこととなる。

まず対処しなければならなかったのは、既に収穫期を迎えた作物に対する規制はこれでいいとしても、ちょうど春を迎える折、これから新たに作付をしてもいいものかという問題だ。

原発事故後しばらくの間は、放射性物質を含む降下物が影響を与えていたのに対し、これから注意しなければならないのは、土壌に含まれる放射性物質を根から吸い上げて汚染されることだった。

放射性物質の種類としても、原発事故当初、野菜において問題となった放射性ヨウ素は半減期が短いため、これから作付けられる農産物の収穫時期には大幅に減少している。

注目すべきは、半減期が長い放射性セシウムが中心となった。

すぐに判断を迫られたのが、23年産のコメの作付けに対する方針であった。4月が迫り、農家は田植えの最終準備に入り始めている。どうするんだ、もう待てない、という声が日に日に大きくなっていた。

収穫時検査のみで対応することも考えられたが、暫定規制値を超える放射性セシウムを含むコメが取れる可能性が高い地域では予め作付けを制限し、これに加えて、出来秋に検査を徹底するという二重の構えでいくのがより適切ではないかという認識を持っていた。

一方で、福島を中心とする農家の心情を考えたときに、できるだけ作付けを認めた方がいいのではないかとの思いもあった。原発事故により平穏な日常がずたずたになり、落ち着いた生活もできず、将来への不安も大きくなるばかり。こうした中にあっては、日々、日常どおりの暮らしをしていくことが大切だと、福島県のある首長さんから言われたことを思い出していた。

その「日常」を構成する大切な要素が農作業、中でもコメづくりだとの思いであった。科学的データに関しては、幸いにして、農林水産省に過去の蓄積があった。余り認識されていないと思うが、過去に行われた核実験で大気中に放出された放射性物質が我が国の土壌にも含まれている。

この土壌の放射性物質濃度とそこで取れるコメの中の濃度とを比較した結果として、土壌からコメへの移行が10％程度というデータがあった。暫定規制値が５００ベクレル／kgなので、土壌だとその10倍の５，０００ベクレルだ。並行して、福島を中心とする地域における水田土壌の汚染度調査も大車輪で行った。

その結果、30㎞圏内と計画的避難区域以外の区域では５，０００ベクレル／kgを超えるところはなかった。すなわち、屋外活動を含め、通常どおりの生活が送れる区域においては、作付け制限不要という結果となった。

こうして、4月8日にコメの作付け制限の総理指示が発出されたのだ。私としては、農家の心情との整合という面でも一定の整理ができる線引きとなったのではないかとも考えていた。

しかし、その翌日にはこの考え方に冷水を浴びせられるような体験をすることになる。4月9日、震災後初めて福島に入り、現地を視察した。いわき市小名浜の漁港を視察した後、福島市の水田で農家の方から直接話を聞いた。

「農林水産省の人からすると、この水田は5,000ベクレル未満なのでコメは作れると言うかもしれない。でも、ここで獲れるコメの中には、本来入っていてはならない余計なものが入っている。自分は『俺の作ったコメ、どうだ美味いだろ』と言えることに誇りを持ってコメ作りに取り組んできたが、これからは、こんなコメでは自分の子供にも食べさせたくない」。

返す言葉がなかった。農林水産行政の責任者として、彼の言葉を肝に銘じて、引き続き緊張感を持って、ことに当たっていかなければならない、という思いを新たにする機会となった。

野菜、飼料、水産物

当然ながら、コメ以外の農畜産物についても目配りをして様々な対応をとった。まず、野菜類や果実類において、国内外の参考文献から得られた知見から、農地土壌中の放射性セシウムがどのように移行していくかを発表した。

コメだと10％程度だが、他の作物ではこうですよという目安だ。家畜についても、汚染された飼料を給与した家畜由来の肉や乳の汚染度との関係から、暫定許容値を設定し、これを超える飼料の給与を行わないよう呼びかけた。肥料も家畜の糞尿などが原料となるため、放射性物質を含んでいる可能性があったことから、同様に暫定許容値を設定し、農地土壌の汚染が拡大しないよう手を打った。さらにはキノコ栽培に用いられる原木や菌床用の培地、薪や木炭についても指標値を設定していくことになった。

農業・林業と同様に、水産業も原発事故により大きな影響を受けていた。

事故発生当初は、そもそも海水自体がどれくらい汚染されているかも不明であったし、４月に入ってからも高濃度放射性廃液の流出が明らかとなったり、また、大量の放射性汚染水の放出が行われることもあった。

この汚染水放出は、農林水産省に対しても、事前の連絡が一切無く、漁業者の心情などへの配慮はないのか、いったいどういう神経をしているのかと非常に憤りを覚えた記憶がある。

経済産業省に対しても、激しく抗議をした。そういう状況なので、漁獲する水産物の安全性以前の問題として、海水に触れることが避けられない漁ろう行為自体の安全性のチェックから始めなければならない状態だった。

こうした中、福島県沖と茨城県沖で漁獲されたコウナゴから暫定規制値を超える放射性物質が検出されたとの知らせも入ってきた。これが、福島周辺海域における、すべての操業の自粛・取りやめの始まりであった。

第9章　農林漁業者等への補償問題

何も準備がなかった賠償ルール

3月21日以降、野菜等の出荷制限、さらには摂取制限を命ずる総理指示が順次出されていくことになるのだが、すぐに大きな問題となったのが、農家への補償であった。

3月21日の総理指示で出荷制限措置の対象となった福島県、茨城県、栃木県及び群馬県の野菜については、指示の対象となったホウレンソウなどに限らず、週明けから価格が大幅に落ち込み、この後も深刻な問題となる風評被害も早くも生じ始めた。原因者である東電が一義的な責任を果たすにせよ、政府はどんな役割を果たすのか、風評被害は対象になるのか、そして何よりも、補償はいつから始まるのか、苦しんでいる農家の当面の生活はどうするんだ、といった声が各地から上がり始めた。

こうした様々な損害について、農業者団体等が東京電力に賠償請求を始めることになるわけだが、当初の時点では、最終的に賠償責任を負うのは東京電力なのか政府なのかという最も基本的なことすら、解釈が分かれ、議論が収束していなかった。

加えて、どのような損害が賠償対象となるかのルールも存在しなかった。文部科学省が所管する原子力損害賠償紛争審査会という組織がこのルールを策定する決まりとなっていたが、この審査会自体、具体的に委員を決めて議論がスタートしたのが4月15日のことであったから、いかに準備が整っていなかったかということである。

しかし、農家は現に日々の収入を絶たれている。一体いつになったら損害賠償を受けられるのか、生産者サイドのフラストレーションが日々大きくなっていった。

現実問題として、賠償の支払いが開始されるまでには相当の時間がかかる状況であった。

行き場を無くした野菜を政府が買い上げるべき、あるいは、政府が仮払いのような形で一時金を出すべきだ、といった声もあったが、原発事故の責任の所在をめぐる議論に直結する問題であったこともあり、現実的にはなかなかうまくいかなかった。様々な制約がある中で事務方にも知恵を絞ってもらい、最終的には、ＪＡグループの協力を得て一時的な資金繰り対策を講じることとした。

ひとつは、出荷停止を受けた農家の方々だけではなしに、風評被害などを受けている農家も含め、無利子の資金供給を行うこと。加えて、肥料などの生産資材等の支払い期限を延長することとした内容である。これらを３月31日に発表した。

生産者団体等の賠償請求を後押し

損害賠償については、賠償すべきは東京電力、請求し、交渉するのは農業者団体等というのが政府としての考え方であったが、被害を受けている農林漁業者のことを思うと、農林水産省としても、直接の当事者とはならないにせよ、できるだけ「後押し」をしたいという気持ちであった。

このため、４月中旬「東京電力福島原子力発電所事故に係る連絡会議」を立ち上げた。都道府県や農林水産業関係団体、食品産業関係団体が構成員となり、東京電力からも責任ある地位の者に参加してもらって、賠償請求交渉でどのような問題が生じているのか、それに対する東京電力側のスタンスはどうなのか等について情報共有と意見交換を行う場として活用しようと考えたわけだ。

団体交渉の場づくりと言えばイメージしやすいかもしれないが、それにとどまらず、生産者団体等からの質問に対する東京電力からの回答が不明瞭な場合は、農林水産省からも発言して明確化するといったことも行った。

この連絡会議はその後も継続しており、損害賠償の支払いに向けた道筋立てに大きく寄与してきたものと自負している。東京電力からは、後に社長となる広瀬常務が参加され、この場で前向きな対応を約束してもらうことも多かったと聞いている。

原子力損害賠償紛争審査会で行われた賠償に関するルールづくりへの目配せにも怠りなき対応を心がけた。

まず、法曹関係者を中心に構成される審査会の委員として、農林水産業の実態をよく分かった人が含まれるよう、調整を命じた。また、損害が及ぶ範囲としては、風評被害はもちろんのこと、農林水産業のみならず、その周囲に存在する産業、例えば、観光農園といった業態への影響もあるんだ、ということもきちんと主張するよう繰り返し指示をした。区切りとなったのは8月5日の審査会による中間指針の取りまとめであるが、この中では、限界もあったが、損害賠償の対象ができるだけ幅広く位置づけられることになったものと受け止めている。

食べて応援しよう！

このような対応を行う一方で、風評被害に苦しむ被災地を何か手助けすることができないかと、政府としても一体となって消費拡大に取り組んだ。「食べて応援しよう！」というキャンペーンだ。

農林水産省の食堂でも関係する各県の野菜などを使ったメニューを月替わりで提示したし、玄関前で野菜やコメを販売する機会も設け、私自身も購入させて頂いた。首相官邸を含め、他省庁でも同様の取組を頂いている。また、小売・流通業界にも趣旨を理解してもらい、協力を頂けたのは嬉しいことであった。

農林水産省の玄関前での販売イベント時には、玄葉国家戦略大臣や蓮舫消費者担当大臣、その他多くの国会議員も駆けつけてくれた。５月末には、福島県白河地方の市町村が農産物の販売イベントを日比谷公園で共同開催した開会式にも出席し、出店者のブースをめぐって激励させてもらった。地元出身のプロ野球横浜DeNAベイスターズ・中畑監督らも駆けつけてくれ、皆さんを元気づけていたのが思い出される。日本中央競馬会（ＪＲＡ）においても、競馬開催ごとに、競馬場で被災地の名産品や料理の販売に継続的に取り組んでもらった。

こうしたＪＲＡの被災地支援の取組は、震災の翌週末に西日本の競馬場で「被災地支援競馬」をスタートしたいと土川理事長が大臣室に相談に来たときがスタートだった。

私からは、中央競馬会として、被災地への様々な支援をできる限り行うという気持ちで取り組んで欲しいと述べ、諾としたのだが、騎手の皆さんが声を張り上げての募金活動やオークションなどが早速実施されたと承知している。その後も売り上げの一部を被災地に義援金として送るなど、食の分野を超えて、幅広く、また、息の長い被災地支援を行ってもらった。

大きな被害を受けた地方競馬の岩手県競馬組合を支援するため、「南部杯」という地方競馬のＧⅠレースを、初めて盛岡競馬場に替わり東京競馬場で開催したときには、私も競馬場に足を運び観戦したが、予想を上回る売り上げがあり、支援の額も膨らんだのは嬉しいことだった。競馬については、国民の健全なる楽しみとして競馬界の活躍に思いを致し、ダービーやジャパンカップにも出向き、私から直接表彰状を渡してお祝いをした。また、競馬全体を所管する担当大臣として競馬関係者を激励すべく、中央競馬・地方競馬の諸イベントにはできるだけ参加をした。

「食べて応援しよう」に話を戻すと、こうした取組をする一方で、単に「大丈夫ですよ」というだけではダメだとの思いがあった。

国民の間には不信感が広がっているのが実態で、いくら政府から発信しても限界が

消費者の信頼を回復していくためには、徹底的に検査をして、その結果を示すことしかない。このため、とにかく検査、検査、検査だと、口を酸っぱくして幾度も幾度も事務方に指示をした。

当時は、現実問題としては、検査機器が圧倒的に不足していたのも事実だった。私からは、予算がネックになっているなら自分に言ってくれ、自分が責任を持って掛け合うから、と検査体制強化の必要性を文字どおり耳にたこができるくらい繰り返し、できる限りの対応を求めた。

第10章　復旧・復興支援への着手

甚大な被害実態

発災から1週間ほど経過し、水・食料支援も軌道に乗り始めたため、被災地の復旧に向けてどのような取組を行うことができるかに思いを致しはじめた。

最優先なのは水と食料だと思考を後回しにしていたところもあったのだが、3月22日の時点では、この方面での省内での役割分担を定めた。水産庁や農村振興局のみならず、政務三役や大臣官房も加わった、省全体での検討体制を整えた。

当然ながら、農地や水産の担当部局では、発災直後から動き始めており、様々な被害状況報告も入り始めていた。対策を考えるためにも、まずは被害状況の全体像を把握しなければならない。

統計担当職員などの頑張りで、早くも3月末の時点で、津波で被災した農地の面積がどの程度あるかの全体像が明らかになったが、2万ヘクタールを超える農地が海水に浸かったり、流出するという被害を受けていた。

宮城県にあっては、全体の農地の1割を超える規模だ。漁港・漁村の被害も甚大だった。巨大な漁船が岸壁に乗り上げてしまっている映像を覚えらおられる方もいるだろう。北海道から千葉県まで、まさに東日本太平洋側のすべての地域で被害が生じていた。

300を超える漁港が被害を受け、僅かに残った岸壁も、地盤沈下の影響もあって、そのまま水揚げできるような状況にはなかった。そもそも水揚げする漁船自体、2万隻以上が被害を受け、地域によってはほとんどの船が失われてしまっていた。また、カキやワカメといった養殖施設も壊滅的な被害を受けていた。

現場主義でできるところから順番に

何から手をつけていいのか、というのが正直な気持ちだったが、現場の人たちがどうしたいかという希望をよく聞き、現場主義に徹して短期、中期、長期と仕分けをして、順番に対応していくほかない。

押しつけにならないよう、選択肢をできるだけ沢山示して、被災地の希望するところを選んでもらえるようにすべき、との考え方を固めつつもあった。

同時に、将来への希望を持ってもらうためにも、具体的な措置を迅速に講じることが必要だと考えていた。

現場からの声もそれを裏付けるものだった。印象に残っているのは、漁業関係者から、「漁に出たくても船がない。陸に上がった河童と同じだ。とにかく船さえあれば沖に出られる。1日も早く漁に出たい」というお話を聞いたことだ。

被災した農地についても、できるだけ23年の作付けに間に合うよう農地を復旧させたいとの考えであった。

この当時、震災対応として編成される最初の補正予算は、被災者の方の生活支援に限定され、産業復旧は対象外になるのではないかとの観測も流れ始めていた。このため、菅総理に直接私から現場の状況について話をさせてもらったこともある。

こうした経緯を経て、ゴールデンウィーク中に審議・可決された1次補正において、農林水産関係で３，８００億円を超える関係予算を措置し、緊急対策に力を入れる環境が整ったのだ。

２万ヘクタールを超える被災農地に対する地元の自治体や農業関係者の希望は、できる限り農地として復旧したいということであった。

完全に海に没してしまった農地、あるいは原発周辺に存在する農地など、すぐには手の着けようがない農地もあった。

まずは水に浸かった農地の排水に取り組もうと、全額国の負担により、災害用応急ポンプを配備して実施するところから始めたのだが、被害の程度が軽いところから農地として復旧していくという、後にマスタープランとして定められる農地復旧の基本的考え方が、現場での取組の中から固まってくることになる。

海岸部のみならず、内陸部の農地でも深刻な被害が起きていた。農地に地割れが起きている、地下に埋め込まれた農業用水のパイプラインがズタズタになっている、液状化現象が生じて砂が地中から噴き出した状態の農地が相当程度発生しているといった被害だ。

このままでは23年産のコメの作付ができない、という悲痛な声が上がってきたため、吉田公一政務官に茨城県の現地に飛んでもらった。私も、4月に入ってから、利根川周辺の農地を視察したが、それはそれはひどい状態だった。

農業土木関係の職員に対し、全力でことに当たるよう指示を出していたが、ほとんどの水田で23年産米を作ることができたのは、彼らの熱意なしには実現できなかったことだと思う。

地元に残りたいという気持ちに応える

余りに大きな傷跡を残す津波であったことから、当面、元の場所で農業を再開することが難しいのなら、違う土地に行ってやり直したいという気持ちの方もいらっしゃるかとも思っていた。

しかし、皆さんの気持ちは、地元に残りたい、そして、復旧・復興に自ら参画したいということであった。自ら参加ができ、かつ、日々の生活の糧を得られる、これが求められていることだろうとの認識に立って、具体的な事業の検討を進めた。

農地の復旧を考えた場合、海水が残っている農地ではまず排水、がれきの除去、農地中から塩分を取り除く「除塩」と進み、さらに細かなゴミや石ころを取り除いていく、というステップを踏む必要がある。

この最後のステップは、細かな作業にならざるを得ない。この点を捉えて、農業者自らが共同で取り組んだ場合に、1反3・5万円を基本とする助成を行う事業を1次補正で措置をした。

人的・財政的支援への目配り

発災直後からその後の復旧・復興に向けた対応全般を通じてのことなのだが、被災地に対する農林水産省からの人的支援にも心を砕いた。

これは、専門的知識を持っている職員が現地に行けば、必ず頼りにされ、感謝もされるという確信に基づくものであった。

また、現実に、最近の公務員の人件費抑制・採用抑制の動きの中で、特に農業土木や漁港の専門家が不足している状況も明らかであった。

4月2日に宮城県庁を訪れた際には、早くも、村井宮城県知事から、本来は県が実施することとなっている海岸の堤防復旧のうち、農地を後背地とする「農地海岸」は全面的に農林水産省でやってくれと依頼を受けた。二つ返事でお受けしたのは言うまでもない。現場の職員には苦労が多かったと思うが、農林水産省ここにあり、というものを示せたものと思う。

様々な復旧・復興対策を講じていく際、地方負担の問題にも大きな注意を払った。もともと災害復旧のための事業実施に当たっては、特例的に国の負担割合を増やす仕組みにはなっていたが、今回は事情が違う。一つ一つの事業では負担が小さくても、やらなければならない事業がこれだけ多岐にわたると、地方からすると自己負担額が積み上がっていくことへの抵抗感が大きいのは当たり前だ。これが原因で復旧・復興の足かせになるようなことがあってはならない。地方負担を限りなくゼロに近づけろ、と大号令を発し、関係省庁との調整に当たることになった。ある程度満足してもらえる結果が残せたと思う。

震災対応の特別立法

緊急対応に必要な法制的な措置も講じた。

その一つが、1次補正と同時期に審議された土地改良法特例法（東日本大震災に対処するための土地改良法の特例に関する法律）の制定だ。

除塩事業を災害復旧の土地改良事業と位置づけること、農家からの申請によらず国や都道府県のイニシャティブで土地改良事業を開始できるようにすること、国費の負担又は補助の割合を嵩上げすることを内容としていた。

農地や農業用施設の緊急復旧を進めていくためには必要不可欠の特例法であり、これにより、現場での対応を迅速化・円滑化する制度的な手当てができたわけだ。

再編強化法（農林中央金庫及び特定農水産業協同組合等による信用事業の再編及び強化に関する法律）の改正も行った。農協や漁協は、信用事業、つまり、預金を集めて必要な人に融資する事業を行っている。

しかし、大震災の発生により被災地の農漁協の信用事業も大きく傷ついてしまっていた。容易に想像できると思うが、例えば、震災前に漁協から漁業者に貸し付けた債権の全額回収はまず無理だと見込まれる状態だった。このことは、同時に、貯金者としての農業者、漁業者からみると、貯金したお金がきちんと戻ってくるのだろうかとの不安をかき立てることにもなってしまう。ここに安心感を与える枠組み、具体的には、特例的に資本増強を行う仕組みを設けることとして法案を準備した。

7月末、2次補正と同時期に成立をさせることができた。

第11章　水産業の復旧・復興

一体的取組の必要性

東日本大震災で最も被害が甚大であった産業は、間違いなく水産業であろう。

水産業の復旧・復興に関しては、4月2日に石巻を訪れ、市長を始めとして、関係する方々のお話を聞いたことが私にとっての出発点となった。

そこで最も心に刻んだのは、単に漁船を復旧すればいい、漁さえできればいいというわけではないということだ。

航路の確保、岩壁の応急補修で港に魚を揚げられる状態になっても、氷がなければ流通できない。水揚げしたままの「生鮮もの」の販売量も限られるため、冷蔵・冷凍

23年4月、石巻市長（左）から被害状況の説明を受け水産業復興を決意

施設や加工場も必要だ。燃料となる重油を供給する施設の復旧も前提となる。
　このように、生産・加工・流通と水産業全体を復活させる、一体的な取組が不可欠だ。このような認識に基づいて、まず1次補正の編成に取り組むこととした。

1次補正

平成23年5月初めに成立した農林水産関係の1次補正総額は3，817億円だが、水産業の復旧対策で2，153億円を占めることとなった。

　幅広い応急対策を講じたが、特に私が力を入れた予算について触れてみたい。

何といっても、漁船の復旧が第一であった。もともと漁業者の方は個人で漁船を持っているのが通例だ。

しかし、今回の津波被害では造船所も大打撃を受け、造成能力自体が低下していて、なかなか沢山の漁船を造れない状態になっていた。しかも、漁船は個人の所有物そのもので、国が直接助成するのにはなじみにくい面がある。こうした事情を考慮して、多少の不便はあろうが、漁船を共同利用して下さい、そうすれば地域一体となって漁業活動を再開できるし、また、国も相当踏み込んだ助成をします、という考え方に立った。

国と県で3分の1ずつ助成し、残りの3分1は漁協が無利子融資を受けて調達する。しかも、漁船保険による保険金で支払われる分も考慮すると、融資の額も限られてくることが期待された。

当然ながら、多額の保険金支払いに直面していた漁船保険を実施する漁船保険組合に対する手当も講じたことは言うまでもない。漁船組合の支払財源の支援、また、国による再保険金支払のための財源として十分な額を確保した。

先に述べたとおり、漁船だけがあっても十分ではない。当然ながら、市場、加工場、冷凍・冷蔵施設などですぐに使う機器の整備を支援する対策にも手を打った。具体的には、フォークリフト、電子はかり、仮設の冷凍・冷蔵庫、製氷機、加工機器などだ。こうした共同利用施設に対しても、3分の2助成を基本とする手厚い措置を講じたのだ。この部分の対応が1次補正では18億円にとどまっていたのだが、不十分だと指示を出し、2次補正で更に193億円を積み増した。

地元に残って漁場を再生

大変な被害の下であっても、漁業者の皆さんの気持ちも、農業者と同じく、地元に残って復旧・復興に参画したいというものであったため、この気持ちにあった対応に知恵を搾った。

当時、海のがれき処理も大きな問題となっていた。陸上と異なり、そもそもどこにどれだけのがれきが沈んでいるのか見当もつかない状態だ。

しかし、とにかく航路を開き、岸壁に停泊することができなければ、いくら漁船の復旧を進めたとして、漁港の機能もまったく果たせない。こうした状況に対処する事業を1次補正で措置した。

漁業者に、近辺の海岸や漁港、さらには漁場のがれきを除去する作業に従事してもらい、その対価として日当を支払う仕組みだ。愛してやまない海がきれいになっていく効果が目に見えてくる。また、日々の生活の心配も緩和される、非常にいい事業が実施できたのではないかと思う。

気仙沼のカツオ

こうした予算は措置したのだが、漁業には、「時期・シーズン」がある。三陸地域であれば、6月中下旬からがカツオの水揚げ期。サンマは9月上旬、秋鮭は10月上旬、ワカメは12月上旬だ。収入を確保するために、この時期をいかに逃さないような対応ができるかが大切であった。

カツオについては、5月頭に気仙沼を視察した際、何とか6月に出漁したいとの具体的な要請も受けていた。

具体的には、エサ、油、氷、この3つさえあれば何とかなる、とのお話であった。同時期に同じく気仙沼を訪れた公明党の太田昭宏前代表からも同様の要請を受け、水産庁長官に対し指示を出した。

　ここでカツオの水揚げができれば、大変な力になるはずだ。何とか間に合わせるんだ！と省内に大号令をかけたのは言うまでもない。その年の6月28日、初ガツオが気仙沼港に水揚げされたとの知らせが飛び込んできた。ここに至るまでには現場でも大変なご苦労があったことと思うが、漁業関係者の方々のみならず、被災地の住民の方々にとっても、嬉しいニュースであったことは間違いないと思う。

　気仙沼のカツオと言えば、漁業者からの要請を受けて、漁業用燃油が高騰したときに備える基金制度を改善したことも記しておきたい。この制度は、国と漁業者が1：1で積み立てた基金を財源に、燃油価格が上がったときに補填をするという仕組みだ。

　23年も半分を過ぎた頃であるが、カツオ漁船は特に燃油を沢山使うので、この制度における国の補助割合を増やせないかという要請を頂いた。そのときに聞いたお話によると、宮崎県のカツオ漁船の水揚げの7割は気仙沼港とのことであった。

　気仙沼にカツオ漁船が元のように入るようになれば、地域全体の経済にもいい影響があることは明らかだ。気仙沼の漁港の復旧がなっても、カツオ漁船の側がコスト高を理由に三陸沖まで漁に行けないのでは意味がない。

こうした事情を考慮し、まさに私の政治的な判断として、必ずや答えを出すんだぞと指示をした。補助率そのものの変更こそできなかったものの、補填の具体的な仕組みを工夫することでメリットにつながる見直しを実現したところ、非常に喜んでもらった。

希望の烽火プロジェクトやさかなクンの活躍

被災地の水産業を復興しようとする民間のイニシアティブに感銘を受けたことも記しておきたい。

外交評論家としても活躍している岡本行夫氏が中心となって、漁港と魚市場の機能回復を支援し、漁業再開の「のろし」を上げようという「希望の烽火《のろし》」というプロジェクトだ。

三菱商事株式会社、キヤノン株式会社など、日本を代表する多くの企業が呼びかけに応じて頂き、冷凍コンテナや車両類などを無償提供して頂いたと承知している。私も、女川港を視察した際にこのプロジェクトでの支援だというコンテナを拝見した。

ともすると時間がかかりがちな公金を使った支援に先立って、スピード感があり、また小回りの効いた支援を実現して頂いたわけで、日本人の絆を示す、本当にありがたい取組であった。被災地の漁業者を初めとする皆さんに大きな希望をもたらした「烽火」となったことは間違いない。

被災地の方々に明るい雰囲気をもたらすという点では、「お魚大使」を務めて頂いていたさかなクンにも大変お世話になった。さかなクンはテレビにもよく出演していて、その魚に関する知識、また愛情には刮目していた。平成22年には既に絶滅したと思われていた「クニマス」の発見で話題になったことが記憶にある方も多いだろう。このため、23年2月21日に「お魚大使」に任命させてもらい、その実績と知名度を生かして、広く国民の皆さんに対し、魚について、漁業の現場について、また、関連する施策について情報発信をお願いしていたのだった。

偶然、任命日が発災の直前だったわけだが、全国漁業協同組合連合会等と協力した募金活動を実施してもらったり、津波で心に傷を負った子供達の心のケアなど、その人柄が現れた、暖かい支援活動を行ってもらったのだ。

このような緊急対応をやりながらも、被災地の漁業者の方からは、将来の道筋を示

平成23年2月、さかなクンを農林水産省の「お魚大使」に任命

して欲しいとの声を沢山頂いていた。

その気持ちは非常によく分かる。このため、23年6月28日、水産分野の復興に向けた取組方針である「水産業復興マスタープラン」を策定・公表した。実は、この時点では、まだ政府全体の復興方針は出されていなかったのだが、復興構想会議での議論の内容、また、水産庁の職員が現地にもしょっちゅう出向いて復旧に携わる中で頂いた声も踏まえながら策定を進めてきていたものを、公表に踏み切ったのであった。

この後は、マスタープランで示し

た考え方に基づいて、３次補正以降措置されることとなる本格的な復興予算の検討などにも取り組んでいくこととなった。

第12章　牛肉、コメなどの放射性物質汚染

牛肉汚染

放射性物質についての暫定規制値の設定を受け、安全なもの以外流通させないとの意気込みで取り組んできたが、現実には色々な問題が発生した。慚愧に堪えない思いが残るのは牛肉だ。

平成23年7月に入ってからのことであった。南相馬市で飼育され、出荷された牛肉から規制値を超える放射性セシウムが検出されたというニュースが飛び込んできた。そもそも家畜の場合、放射性物質が降り積もったり、あるいは土壌から根を通して吸い上げられることで汚染される農産物と異なり、エサや水に気をつけることが何より

も大切で、このことは、農林水産省でも事故直後からはっきりと意識されていた。

既に3月19日の時点で、東北地方と関東地方の各県に対し、原発事故の発生前に収穫され、適切に管理された飼料以外は使わないで下さい、貯水槽に蓋をするなど、家畜の飲用水にも気をつけて下さいという内容の指導通知を発出していたのだ。

しかし、南相馬の案件をきっかけに行った実態調査の結果、問題点が浮き彫りになってきた。この指導通知が末端の農家まで徹底されていないことが分かったのだ。汚染された飼料を給与していた農家の中には、そうした指導がなされていることを承知していない人もいて、このことが汚染拡大の一因となっていた。国からは農政局を通じて各県に通知していたのだが、思うように伝達が行き届かなかった。

発災以降、岩手、宮城及び福島のいわゆる被災三県はもとより、各県、基礎自治体とも、様々な震災対応に忙殺されており、ガソリンや人手も全く足りていなかったのが実情であっただろう。また、停電が続き、農家がホームページを見られるような状況でもなかっただろう。

その意味で、どうしても限界があった点はあるとは思うものの、国会を含め、強い批判の矢面に立つこととなった。農林水産省の対応に不備があったのだから農林水産大臣から謝罪すべき、との意図の質問等、激しく攻撃を受けた。私からは、このような事態が現に生じたことを真摯に受けとめる必要がある、と何度も答弁した。これは畜産だけの問題ではない、他の分野でも同じようなことを起こしてはならないと、当然のことながら省内の全部局に厳命した。

汚染が拡大したもう一つの大きな要因は、稲わらに気をつけなければならない、という意識が弱かったことだった。

というのは、通常、稲わらは秋の稲刈り後しばらく水田で自然乾燥された後、雪が降る前に集められる。当然、原発事故前に収集され、保管されているものだとばかり考えていたのである。

地域によっては春上げと呼ばれる慣行があると、事後になって分かったわけだが、現実には、主として宮城県北部で事故後に収集された稲わらが大量に、かつ、広域にわたって流通していたのだった。各県と協力して、こうした稲わらがどこに出荷されたかの追跡調査に着手した。畜産農家に保管されている稲わらの放射性濃度の調査も進めたところ、1万、10万ベクレル単位という、極めて高い濃度の稲わらも見つかりはじめた。また、とにかく汚染されていた可能性がある牛肉の流通を阻止するよう、汚染稲わらを給与した牛の肉について、業界団体に販売自粛を求める等の対応も取った。

7月14日から18日にかけて、省内の原子力対策本部も開催しながら、こうした対応の指揮を執ってきたが、19日の福島県を皮切りに、宮城県、岩手県及び栃木県の牛の出荷制限の総理指示も発出するに至る。このような中、19日の東京食肉市場の福島県産A5等級（最高ランク）の枝肉価格は、震災前が2，100円／kg程度だったのに対し、450円／kgまで落ち込んだ。肉牛農家に対する包括的な経営対策が必要だという声が一層高まることとなった。

7月26日、肉牛農家への緊急対策を発表した。汚染稲わら給与牛のうち既に流通しているもので規制値超えしたものの買上げ処分、肉牛農家に対する1頭5万円の立替払い、稲わら等に代替する飼料の無償現物支給の3本柱であった。

しかし、私には気になる点もあった。それは、この対策においては、牛肉の買上げ処分や5万円の立替払いに必要な原資は、金融機関から借りてこなければならないという事業の仕組みになっていたことである。融資に必要な利子こそ独立行政法人から助成するものの、これではたして関係者の理解と納得が得られるか確信を得られないというのが正直なところであった。

それは、野菜等の出荷制限指示が出された直後の4月に措置した資金繰り対策に対し、「どうして何の落ち度もない我々が他人様に頭を下げて金を借りなければならないんだ」という農家の声が強かったためだ。

このため、今回も場面こそ違え、貸付けを軸とした政策手法へのアレルギーは強いのではないかとの心配があった。この懸念を秘書官にも話したが、彼の答えは「担当部局が各方面と調整を経て大臣にお持ちしたものであるのだから、百点満点とはいかずとも、現場も落ち着いてくるのではないか」というものだった。

しかし、果たせるかな、私の懸念は現実のものとなる。この対策を発表した日の午後から参・農水委、翌日は衆・農水委の審議があったが、この対策の評判は散々であった。

ある野党議員からは、「これは『方策』ではなくて『無策』だ」とまで言われる始末であった。3月19日の指導通知がその実を上げていなかったと国会で叱責を受けた際にも事務方を難詰するようなことはしなかった私だが、さすがに黙っておれず、大臣室に戻った後、担当の事務方に対し対策の検討をやり直すよう、厳しく申し渡した。これを受けて、事務方も必死に財政当局等との調整を行ってくれたものと思う。

8月5日、新対策を発表した。

主な改善点は、予備費をもって対策の原資に充てること、買上げ処分の対象を汚染稲わらを給与された牛の肉すべてに拡大することであった。加えて、出荷制限が課されている4県において出荷遅延牛を実質的に買い上げる場合への支援も講じることとした。この後も色々なことが続いたが、8月25日にはすべての県で牛肉の出荷再開が可能となった。この新たな対策もあいまって、現場も徐々に落ち着きを取り戻していくことになったものと考えている。

先に述べたとおり、汚染稲わらの中には、人間の安全な生活に支障を及ぼすような高濃度に汚染された稲わらも存在していた。

心ならずもそうした稲わらの供給を受けることになってしまった畜産農家の中に、小さなお子さんがいらっしゃるところがあってもおかしくない。事情を知らぬまま、畜舎で遊んで被爆してしまうのではないかと気が気ではなかった。生活場所からできるだけ離れたところにできるだけ早く隔離し、安全な保管・管理を行うよう何度も何度も指示を出した。私の意を受けとめてくれての行動であろう、本省の担当課長自らが防護服を着て、隔離作業に当たってくれたとの報告も受け、心強く思った。

次はコメ

このように牛肉に揺れた23年の夏が過ぎていった頃、福島でもコメの収穫が始まる時期を迎えることになる。

先に触れたとおり、放射性物質を検査する機器は圧倒的に不足していた。いくら買いたくてもまとまった数の機器が存在しないのだ。しかも、検査が必要なのはあらゆる食品で、コメだけではない。

事務方が知恵を絞って、限られた検査機器を最大限かつ効果的に活用する検査計画を作ってくれた。

収穫前の「予備調査」と収穫後の「本調査」という二段階での調査をするというもので、予備調査で一定水準を超えた場合には、本調査で重点的に調査するという構想であった。

しかし、放射性セシウムによる土壌汚染は、実際にはまだら模様だ。いわゆる「ホットスポット」という言葉を覚えておられる方も多いと思う。検査可能なサンプル数が限られる中での対応には限界があった。

折悪しく、福島県の佐藤知事から福島県産米の「安全宣言」がなされた直後から、暫定規制値超えのコメが出てきたとの知らせが入り始めた。あくまで結果論ではあるが、23年度産のコメの検査・出荷体制は失敗だったと総括せざるを得ない。

しかし、このときの反省が24年産以降のコメの作付け制限と検査態勢の構築に生かされていくことになる。

24年産のコメの作付については、まず、23年末に農林水産省としての基本的考え方を示した上で、関係地方自治体と議論して詳細を詰める、という考え方に立つこととした。24年4月から放射性物質の基準が500ベクレルから100ベクレルへと見直される方針が厚生労働省から示されていたことも踏まえ、23年産で500ベクレルを超えたところは作付制限、100ベクレルを超えたところは作付制限の必要性を十分に検討する、という整理だ。

地元の意向をできる限り優先すべきだとの思いを抱きつつ、年明け以降、関係自治体と議論を重ねることとなった。

24年2月末、24年産の作付に関する最終的な方針を発表した。23年産で500ベクレル超過区域は作付制限。ただし、その範囲の取り方は字単位まで縮小可。１００ベクレル超過区域は、作付制限を基本とするものの、全袋調査を前提として、しっかりとした管理計画を作れば作付も認めるという整理とした。

食の安全確保を最優先としつつ、作付に対する意欲も受けとめての判断であった。この判断に至る過程で私が事務方に強調したことは、当時、いわゆるベルトコンベア方式の新しい検査機器の開発が行われてはいたものの、それを前提とすることなく、現時点で活用のメドが立っている検査機器のみを前提として、それでも全袋調査ができる体制を構築する必要があるということであった。

結果的に素晴らしい検査機器の開発がなれば、それはそれでよい。しかし、そうした機器があることを前提にした検査計画を立てて、結果的に機器がないからできませんでした、では23年の二の舞になるだけだ。幸いなことに、といえば変な言い方になるが、コメは年間を通じて徐々に出荷されていく商品なので、出荷時点で検査を行っていくという考えに立てば全袋調査の絵が描けることが分かり、ゴーサインを出したのだ。24年秋の時点では、皆さん承知のとおり、ベルトコンベア方式の検査でしっかりと管理をする体制へと移っていくことができたわけで、二本松市の検査現場に足を運んだとき、本当に喜ばしいことだなと実感した。

お茶に適用する規制値は？

個別品目をめぐる問題として、お茶にも触れておきたい。

お茶は、収穫されてから消費者の口に入るまでに様々な状態を経る食品だ。収穫時の生葉、乾燥させた荒茶、調製した製茶、そして、実際に口に入れるときは製茶にお湯を注いで、「お茶」を飲む。当然乾燥すれば放射性物質の濃度は高くなる一方、最終的に「お茶」の状態では相当薄まることになる。

どの状態に着目して暫定規制値を適用するのかが問題となった。

同じような問題は干し椎茸のようなものにも生じる。生葉から荒茶で5倍程度濃縮、荒茶と製茶では変わらず、「お茶」の時点で30～50倍に薄まる、というのが改めて行った実証からも分かった。

では、どうするか。原子力安全委員会は、実際に世の中に流通している状態を基準として規制すべきだ、という見解であった。

現に流通していれば、これを口にする人も出てくるだろうし、現にふりかけのようにして食べる人もいるから規制すべきだ、との考え方である。

これに対しては、お茶の産地の関係者を中心として、生活実態と乖離している面が大きく不適切だとの反対の声が上がった。ふりかけにして食べる人がいるのは分かるが、1年間にいったい何グラム食べるんだ、との質問を国会で受けたこともあった。

どちらの考え方にも理があるわけで、非常に難しい問題であった。結局、荒茶・製茶の段階で500ベクレルを適用すると厚生労働省が最終決定した。24年4月の規制値そのものの見直し以降は、「お茶」として口に入る時点で判断することとし、その際に適用する規制値は飲用水と同じ、という整理で落ち着いている。

検査結果が積み上がってくるに従って、放射性物質が残留しやすい食品があることも分かってきた。キノコ、タケノコ、山菜、淡水魚などだ。

私も東北の人間だし、東北・関東北部において、春は山菜採り、秋はキノコ狩りに山に入るのを楽しみにしていた方々も多かっただろうと思いを馳せると、この原発事故が人々の生活にもたらした災禍の広がりに暗澹とした気持ちになった。

情報がきちんと末端まで届かないままに、極めて高濃度に汚染された野生キノコが食されるようなことがあってはならない、と注意喚起を徹底させたことは言うまでもない。

第13章　農地・林地の除染

汚染度マップ

安全な食品の生産・流通を確保するためには、より根本的には、農地中から放射性物質を取り除くことが望ましいことは当然のことである。

また、汚染度の高い区域では、農地土壌そのものの放射性物質濃度が下がらなければ、農産物を栽培することもできないし、農作業をすること自体が危険となり得る。このため、政府全体としても最優先の課題として除染に取り組まれる中で、農林水産省にあっては、農地や林地の除染に取り組むことが求められていた。

まずはじめに必要だったのは、そもそも農地や森林がどれくらい汚染されているか、その現況をつかむことであった。23年産のコメの作付を制限する範囲を定める必要から、4月頭までに最低限の調査を実施はしていたが、これをもっと細かく、広範囲にわたって調査する必要があった。最終的には、23年8月末に農地土壌濃度の分布図として公表することができたのだが、農地の汚染度が、シーベルトという単位で表現される周辺の空中線量の強さと概ね一致する関係にあることが確認できた。これにより、個々の農地ごとに、わざわざ手間のかかる土壌そのものの汚染度を調べなくても、その農地の上で空中線量を計測しさえすれば、汚染の程度を類推することが可能となった。

現実の汚染はまだら模様であったことからしても、現場にとって、非常に有用な情報を発信することができたと考えている。

具体的除染方法の研究・実証

並行して、具体的にどのような手法で土壌の汚染度を下げることができるかの研究にも着手した。

表土や草を削り取ってしまう「物理的手法」、水を入れてかき混ぜた泥水を集めてそこから汚染された土壌だけを除去する「科学的手法」、ヒマワリなどの植物により放射性物質を吸い上げることで土壌をきれいにする「生物学的手法」の3つが考えられます、という報告を事務方から受けた。実際の効果がどうか、検証を進めることにした。

このような検討を進める中、チェルノブイリでの経験から蓄積された様々な方法があるだろう、ということで、篠原副大臣を専門知識を有する職員と一緒にロシアに派遣することも行った。

9月には、この検証の成果を、「農地土壌の放射性物質除去技術」として発表した。表土の削り取りが非常に効果が高いことが実証される一方、ヒマワリは、ほとんど土壌中の放射性セシウムを吸収しないという結果が出た。「ふるさとへの帰還に向けた取組」の名の下、私自身、5月に福島県飯舘村に出かけて、菅野村長たちと一緒にヒマワリやアマランサスの種まきを行っていたこともあり、少し残念な思いであった。また、表土を削り取る手法も問題がないわけではなかった。

汚染度を下げるという点では効果はあるのだが、削り取った土の処分が問題となるのだ。このため、汚染度が低い土壌では、土の上部と下部とをひっくり返す「反転

平成23年5月、飯舘村で村長と一緒に農地除染の試験としてヒマワリを種蒔

耕」と呼ばれる手法が有用と結論づけた。
　表土が薄いところだと反転しようがないなど、現地での適用においては問題も出てきたが、この検証作業により、基本となる作業方針を示すことができたと考えている。なお、表土が薄いところでは、深く耕すことにより土全体に放射性物質を分散させることで濃度を下げているところだ。
　飯舘村と川俣町では、水田の表土を削り取った後に稲を実際に育てる、という実証事業も実施した。私も9月にその現場を見させてもらっ

たが、村民、町民の方々に希望を感じてもらえるような取組だったのではないかと思っている。

平成24年3月には、実際に現場で除染作業に携わる方から見て、安全で効果的・効率的な作業の参考として頂けるよう、具体的な作業の手順や注意事項をまとめた手引き書も作成させてもらった。

「手引き書」としてまとめたこと自体、現場の気持ちに立って取り組まなければならない、という気持ちで事務方が作業を進めてくれた証左だと思っている。

林地については、より難しい問題を抱えていた。何よりも、その面積が圧倒的に広大だ。加えて、急傾斜地も多い。なかなか一足跳びに除染を進めることは困難であった。このため、まず最初の取組として、木が生えている境界ラインから奥に20メートルの範囲で除染に取り組むことにした。具体的には、まず、その範囲の落ち葉を集めて除去する、それでも線量が下がらなければ、枝打ちをするということだ。

裏山が迫っているようなところでも、住宅地周辺の放射線量を下げることを目指したものであった。

環境省をヘッドとした体制に

この章の冒頭に書いたように、除染は政府全体として取り組む課題であった。住宅地や学校の除染も急がれていたわけだが、例えば、学校の除染は文科省所管、住宅地の除染は環境省所管などとすると、地元からすると、相談するところが沢山になり煩わしくなることも懸念された。

細野豪志環境大臣から、環境省を窓口として、その下で農林水産省を含む各省庁の協力を仰ぐ体制を取らせて欲しい、との相談があった。

事務方とすると、農地や林地は俺たちに任せておけ、という思いもあったと思うが、私なりの判断で、細野大臣からの相談を諾とすることとした。しかし、実際には、技術面での知識など、農地や林地での問題解決能力を有するのは農林水産省の職員である。このため、環境省に人を出す形にはなるが、ＯＢの臨時雇用を含めて、責任感と自負を持って対処して欲しいと指示をした。みんなよく頑張ってくれていたと思う。

できる限りの協力

現時点においても、汚染廃棄物の最終処分場をめぐり議論が続いているが、当時も、玉突きのように、中間処理場も、更にその前の一時仮置き場も住民の理解を得られない状況が一般化していた。

中間処理場の名の下に一度持ち込まれた汚染廃棄物が永久にとどまり続けるのではないかと疑念を持たれていたわけだ。一方で、汚染廃棄物自体は除染の実施に伴い発生してくる。一時仮置き場の確保は喫緊の課題だった。

この点で活用の可能性があったのが国有林地だ。活用可能な国有地は最大限提供するよう、林野庁に指示したのであった。

除染に関して、様々なアイデアを持って大臣室を訪れてくれる人も多かった。この資材を農地に散布すれば放射線濃度が現実に下がる。何かしらの効果があるはずなので活用して欲しい、といった話だ。

事務方からすると、内容を聞いた瞬間に、箸にも棒にもかかわらないと思ったものも正直あっただろう。しかし、私は、無下に対処すべきではないと思っていた。

その理由は、一つには、福島県を中心とする地域の皆さんがこれだけ苦しい思いをしている中、自分にも何かできることはないか、何かしら貢献できないか、という純粋な思いからの話である。その思いを踏みにじるようなことはすべきでない、ということ。

また、私のこれまでの経験からすると、役所の文化として、自分たちがいいと認めるものに凝り固まって、それ以外のものを広く受け入れる度量に欠けるところがあると言わざるを得ないことであった。このため、事務方である農林水産技術会議事務局に対し、必ず提案された手法を虚心坦懐に検証するよう指示し、加えて、その結果も提案して下さった方にお返しするようにした。

第14章　被災地の視察

被災地へ

大震災の発災から、できるだけ早いうちに現地をこの目で見たいと考えていた。しかしながら、日々の食料・水もままならないうちに自分が行くと、却って現地の皆さんの負担となり、迷惑をかけてしまうとも思われた。

何よりも、週末を含めて、緊急に対応しなければならない課題が山積していて、東京を離れることは無理だった。

それでも3月末には、食料支援を始めとする様々な対応が何とか最低限の軌道に乗り始めたことから、土日を使って被災地を訪れることとした。

以下、私の在任中の被災地行きについて、いつ、どこを訪れたかを時系列で示す。全部で18日、5県の24市町村を訪れた。

【平成23年4月2日（土）】
宮城県石巻市にて漁港・水産加工施設の被害状況を視察。同県名取市にて農地・農業用施設被害状況を視察（国営名取地区）。同県仙台市の東北農政局にて状況報告聴取。宮城県庁にて村井知事と会談。関係団体と意見交換。

【4月3日（日）】
山形県山形市にて避難所（協同の社ＪＡ研修所）を視察。避難者と懇談。同県天童市にて被災地への支援物資の後方拠点施設（山形県総合公園アリーナ）を視察。山形県吉村知事も同行。

【4月9日（土）】
福島県いわき市にて漁港・市場の被害状況を視察。いわき市長等と意見交換。同県福島市にて稲作農家の水田を視察。同県飯舘村にて飯舘村長等と意見交換。同県福島市の福島県庁にて佐藤福島県知事と会談。関係団体と意見交換。

【4月16日（土）】

岩手県遠野市にて遠野市長と意見交換。同県山田町にて船越漁港及び山田漁港を視察。山田町長等と意見交換。

【4月23日（土）】

福島県郡山市にて農地・農業用施設被害状況を視察（隈戸川地区幹線用水路矢吹南工区）。土地改良区等と意見交換。茨城県稲敷市にて農地・農業用施設の被害状況を視察（新利根川沿岸地区十余島水機場、周辺の液状化水田）。土地改良区等と意見交換。

【5月7日（土）】

宮城県気仙沼市にて波路上漁港及び周辺の養殖関連施設の被害状況を視察。同市の水産加工団地の被害状況を視察。同市気仙沼漁港及びカツオ・サンマ加工施設の被害状況を視察。気仙沼市長等と意見交換。

【5月14日（土）】

福島県新地町にて釣師浜漁港の被害状況を視察。相馬市にて松川浦漁港の被害状況を視察。相馬市長等と意見交換。宮城県山元町にて苺のハウス及び選果場の被害状況を視察。同県亘理町にて苺のハウス及び選果場の被害状況を視察。

【5月28日（土）】

福島県飯舘村にて飯舘村長等と意見交換。同村の試験ほ場にてひまわり等を播種。同県川俣町にて川俣町長等と意見交換。


【7月3日（日）】

宮城県女川町にて漁港、製氷工場等の被害状況を視察。女川町長等と意見交換。


【7月9日（土）】

宮城県岩沼市にて排水機場及び周辺農地を視察。同県亘理町にて荒浜漁港の被害状況を視察。同県名取市にて除塩実証ほ場を視察。


【8月18日（木）】

岩手県宮古市にて製材工場を視察（ホクヨープライウッド北星）。同市高浜地区にてコンブ・カキの養殖漁場を視察。同市宮古漁港にて魚市場、製氷・貯氷施設を視察。漁業関係者等と意見交換。


【9月7日（水）】

福島県飯舘村にて表土はぎ取り実証ほ場を視察。同村にて放射性物質を含むヒマワリ焼却試験機を視察。飯舘村長等と意見交換。

【9月17日（土）】

宮城県塩竈市にて東日本大震災宮城県漁協組合員慰霊祭に出席。

【10月1日（土）】

岩手県陸前高田市にて農地の被害状況を視察（下矢作地区及び小友地区）。

【12月17日（土）】

宮城県仙台市にて仙台市長、村井宮城県知事と会談。農業者と意見交換。同県塩竈市にて漁業関係者と意見交換。

【12月27日（火）】

福島県福島市にて飯舘村長等と意見交換。

【24年1月19日（木）】

福島県いわき市にていわき市長等と意見交換。

【3月10日（土）】

福島県郡山市にて「農業及び土壌の放射能汚染対策技術国際研究シンポジウム」閉会式に出席。

言葉を失う光景

こうして並べてみると、自分としても、よく出かけていったものだと思う。それぞれ思い出すことがあるが、特に印象深かったことを書いてみたい。

まず、何と言っても平成23年4月2日の最初の宮城県訪問である。東北新幹線はまだ福島県以北が復旧しておらず、山形空港から宮城県に入った。仙台市内に入ってしばらくの間は道路に凹凸があって車が揺れること以外、大きな変化を感じなかったのだが、高速道路で海沿い近くまで移動したときに飛び込んできた光景に言葉を失った。

ちょうどこの日は、震災後初めて三陸自動車道が一般開放された日であったが、沿岸部に住む親戚・知人等を見舞いに行くのであろう、沢山の車で大渋滞しており、石巻に到着するまでに相当の時間がかかった。このため、予定していた訪問先のいくつかを断念することになった。

石巻市街に入ってからは、想像を超える被災であった。堤防が決壊しているところでは、地盤沈下の影響もあったのだろうが、震災前にどこまでが陸でどこからが海であったのかも分からない状態に見えた。

震災から3週間経過していたこの時点でも、原形をとどめない車が電柱を包むように張り付いたままになっていた。沿岸部では町全体が消えていた。しかし、このような中でも漁業関係者の皆さんの気持ちは挫かれていなかった。

何としても立て直してみせるので、国も最大限の支援をして欲しいとの声に触れ、身が引き締まる思いだったのを覚えている。

飯舘村・川俣町との「親戚づきあい」

「丁寧に」を意味する「までいの村」をスローガンに、スローライフを掲げる福島県飯舘村を初めて訪れたのは翌週末の4月9日のことであった。

隣町である川俣町の山木屋地区とともに飯舘村の全区域が計画的避難区域に指定されるのはこの更に翌週のことだ。

この時点では、まだ村に住み続けられることを前提としつつも、一方で、村で獲れた農産物は当面食用にできない可能性があるので、農地を荒らさないためにも耕作はした上で、収穫物はバイオ利用してはどうか、といった提案を菅野村長から頂くなど、意義ある意見交換であった。また、空が広く、美しい村であったことが印象に残っている。

私が訪問した翌週に事態が一変したこともあり、飯舘村と、後に訪れることとなる川俣町の再興にこれからもずっとかかわっていかなければならない、という思いが私の中で大きくなっていった。

次に訪れた5月末には、菅野村長と川俣町の古川町長に対し、「親戚づきあい」をさせて下さいと申し上げたことを記憶している。「親戚との関係のように、あなたがどうしているか、ずっと気にしているよ。あなたと私はそういう関係だよ」という気持ちを伝える山形の言葉だ。

農林水産省の事務方に対しても、この先々、ずっと「親戚づきあい」していって欲しいということを何度も話した。その気持ちは今も引き継がれていると信じている。是非、復興が成し遂げられるまで寄り添っていってもらいたい。

福島県民の悲しみ

4月9日に福島県庁を訪れ、佐藤知事と面会したときのことも印象深い。

原発事故発生後の政府の対応に不信感を持たれていた時期だった。知事は、非常に深い悲しみ、また、怒りを湛えた目をしておられた。旧知の間柄であったこともあるが、お互い、何も言わずとも気持ちが分かり合えていたと思う。知事や関係団体との会談後のぶら下がり記者会見で、私は「今回の原発事故に関し、政府の一員として深くお詫びしたい」と申し上げた。

政府のこれまでの対応のまずさも問われ「ご批判は正面から受けとめさせてもらう。全力で取り組んでいく」旨もお答えした。

弁明弁解は一切やるべきではないという気持ちだった。この記者会見については、後日談がある。

平成24年になってからであったが、福島の地元紙から取材の申し込みがあり、大臣室で若い記者のインタビューに応じた。

取材は農地や森林の除染に関することであったが、終了後、その記者が涙ぐみ、声を詰まらせながら、「自分もあのときのぶら下がり会見の取材の輪に加わっていた。原発事故後、福島県民に謝罪した大臣は、あのときの鹿野大臣の言葉が初めてであった。県民の心に届く言葉だった」という趣旨のことを話してくれたのだった。記者の純粋な気持ちが忘れられない。

5月14日に福島県新地町と相馬市を訪れた際のことだ。

新地町の波路上漁港では、津波が迫る中、船を守ろうと必死の思いで沖に向かったときの話を漁業者の方から聞いた。

「幾重にも押し寄せた津波を乗り越え、翌日やっと港に戻ってきたら、町全体が消えていた。やっと船は守ったけど、倉庫にあった漁具は流されてしまっているので漁に出ることもままならない、何とかして欲しい」とのお話であった。

早速、補正で措置していた予算を活用できるようにするよう指示を出した。

相馬市の松川浦漁港では、同じく漁業者の方から、「色々な政治家が視察に来て我々の話を聞いていった。でも、何にも変わっていない。あんたは農林水産大臣なんだから、こんどこそこの現状を何とかしてくれ」と言われた。

確かに、彼らからすると、農林水産大臣を頼らずして誰を頼ればいいのか、という気持ちだったろう。信頼に応えなければならないなとの覚悟を同行していた水産庁長官に直後の移動の車中で話した。

復興のシンボル―亘理・山元のイチゴ―

また、同じ日に宮城県亘理町と山元町も訪れたのだが、この地域はイチゴの大産地であり、意欲ある後継者にも恵まれていた。

しかしながら、イチゴのハウスは壊滅的な被害を受けており、若手農業者から色々な要望を受けた。このときだ。人垣の後ろの方から「漁業のことも忘れないでくれよ！」と大きな声がした。「もちろん忘れていないぞ！」と返したのだが、この声の主が亘理漁協の菊地組合長であった。

この後には宮城県漁協のトップである経営管理委員会会長にも就任されることになる方だ。7月には改めて亘理町を訪問し、荒浜漁港の様子も視察する機会を持つことができた。

亘理町及び山元町のイチゴについては、23年末のクリスマスに出荷できるよう頑張ろう、これを「復興のシンボル」としよう、と関係者が一丸となって取り組まれた。

大産地である栃木県の農家からイチゴの苗の供給を受けるなどの支援も頂いたし、もちろん、東北農政局の担当職員にも非常に頑張ってもらった。この年の年末、農協

平成23年5月、宮城県亘理町及び山元町でイチゴ農家から要望を受ける

の組合長さんが、素晴らしいイチゴができたと私のところにも報告に来て下さった。皆さんの思いが詰まっていて、ことのほか美味しいイチゴだった。皇室にも献上されたとのお話も伺った。

多くの人に希望を与えたものと思う。ＪＡみやぎ亘理の岩佐組合長の強力なるリーダーシップとイチゴ農家の皆さんに心から敬意を表したい。

10月1日に岩手県陸前高田市を訪問したときは、前途の大変さを改めて感じることとなった。震災から半年以上が経過していたわけだが、市

街地からガレキこそ撤去されていたものの、逆に、がらんと何もない空間が広がっており、率直に、ある種の寂しさを感じたことを覚えている。

こうした視察に加え、被災地から来省された方々にはできる限り面会する時間を確保するよう秘書官にも指示していた。できるだけ丁寧にお話を伺うつもりであったからだ。23年5月の1次補正、7月の2次補正、そして11月の3次補正、さらには24年当初予算と、農林水産省としてできるだけの対応をしたつもりだが、一刻も早く復興したいと思う多くの方々からの声が、事務方を含め、農林水産省全体を突き動かす力となったと思っている。

第15章　再生可能エネルギー

エネルギー政策の大転換

原発事故をきっかけとして、これまで原子力発電を中心に据えてきた我が国のエネルギー政策の見直しも不可避となった。

平成22年6月に閣議決定されたエネルギー基本計画では、2030年における原子力発電の割合を2007年の26%から53%まで高めることとされていた。

しかし、もはやそのような姿に対し国民の支持を得ることは不可能なことは明らかだ。一方で、原発の割合を減らすにせよ、その分を石油や石炭といった化石燃料依存に戻していくだけでは、地球温暖化にも悪影響を及ぼしていくことになることも自明だ。

当然の帰結として、再生可能エネルギー活用への関心が高まっていた。

再生可能エネルギーには、太陽光、風力、地熱、バイオマス、小水力など色々あるが、農山漁村にこそ、こうした未利用資源が豊富に存在する。これらの資源を有効に活用できれば、地域におけるエネルギーの安定供給を図ることができるだけではなく、大震災のような有事への耐性も高い、自立・分散型のエネルギーシステムの構築を促すという意味においても好ましい。

こうしたエネルギー政策上の観点に加え、私は、別の意味でも農山漁村への再生可能エネルギーの積極的な導入は大切なことだと考えていた。それは、今まで電気代などとして地域の外部に流出していた富を地域の内部に環流させることができるということだ。これにより、地域の活性化にも寄与することになる。

農地や林地をフルに活用して、基幹産業である農林水産業の振興と一体的な形で取り組めば、相乗効果も期待できるのではないかという意識であった。

エネルギー・環境会議への参画

平成23年5月末か6月頭くらいだったかと思うが、エネルギー政策の見直しを議論するため、閣僚レベルで議論する場を立ち上げるとの情報が入ってきた。伝統的な見方からすると、農林水産大臣はこうした場に参画することはできない。しかし、再生可能エネルギーをエネルギー政策全体の中でしっかりと位置づけていかなければならないこと、その活用のために必要となる相当規模の土地を供給する力があるのは農山漁村だけであることから、絶対に農林水産大臣が参加すべきだと考えた。

ここでメンバーに入らないと、議論をリードすることができないのはもちろんのこと、情報そのものも不足することは目に見えていた。筒井副大臣にも動いてもらい、官邸サイドへも根回しを行った結果、6月24日に第1回目の会合が開かれることとなる「エネルギー・環境会議」に参加することが決まった。

ここが最初のポイントであった。

農山漁村のポテンシャル

第1回目の会議では、各大臣からプレゼンした上で、それを基に議論しましょう、とのことだったため、私からは、再生可能エネルギーの供給源として農山漁村がどれだけのポテンシャルを有しているかを説明した。

やや専門的になるが、少し紹介してみたい。

まず、農地については、政府の目標である食料自給率50％と矛盾を来さない、つまり、食料生産と競合しない形で耕作放棄地を最大限活用すると、17万ヘクタールの活用余地があった。

これを太陽光発電と陸上風力発電に活用する。森林については、未利用の間伐材があるのでこれをバイオマス発電に活用するとともに、地熱発電の適地も環境に配慮しながら開発する。全国に張り巡らされている農業用水路は小水力発電に活用する。海面は、洋上風力発電に活用する。

こうした取組を積み上げていけば、総電力量約1兆キロワットに対する再生可能エネルギーの割合を、現行の9％程度から43％程度まで引き上げる可能性を秘めていると結論づけた。

もちろん、こうした姿を実現するためには様々な課題がある。率直に言って、相当意欲的な試算ではあったことは間違いない。しかしながら、多くの方に問題意識を持ってもらい、議論を活発にするためには、このような投げかけがあるのではないかと考えたのだ。

この後、関連する法案の国会提出を含め、様々な対応をしていくことになるが、基本的な政策の方向性は、このときから固まっていったということを今回改めて確認できた。

また、省内においても、農地を他の用途には絶対に使わせないんだという「がんじがらめ」の考え方から抜け出していくきっかけとなったはずだ。

太陽経済かながわ会議

偶然、第1回エネルギー・環境会議の4日後となったのだが、神奈川県の黒岩知事から、6月28日に横浜市で「太陽経済かながわ会議」というものを開催するので、是非参加してくれないかとの案内を頂いていた。

黒岩知事とは、ミュージカル「葉っぱのフレディ」を演じる子供達を、この年の3月に「国際森林年子ども大使」に任命した際、そのプロデューサーとしての立場で同席され、お会いをしていた。

その翌日の某紙の1面トップで神奈川県知事選への出馬が報じられていたのが思い出される。

この会議には、黒岩知事のみならず、東京大学総長も務められた小宮山宏氏、ソフトバンクの孫正義社長などもパネリストとして参加されていた。黒岩知事ご自身も、もともと再生可能エネルギーに関心が強く、先の知事選においても、神奈川の住宅の屋根に太陽光パネルを設置しようとの呼びかけを行ったということだった。孫社長からは、耕作放棄地を活用して、「電田」つまり電気を生み出す田んぼを作ろうというプロジェクト構想の披瀝があった。

その際、鹿野大臣から耕作放棄地の活用を指示してもらえば可能性は一気に広がる、との話もあり、前向きにお答えしたところ、孫社長は「これを聞けただけでも、今日ここに来た甲斐があった！」と言われたことを記憶している。

地熱発電

地熱発電をどのように進めていくかにも非常に強い関心があった。

地熱発電は、二酸化炭素排出量が少ないのはもちろんのこと、昼夜や季節の別、あるいは天候に関係なく稼働できるため、安定的な発電が課題である再生可能エネルギーの中にあっても、特に可能性があると言われていた。

しかし、我が国の地熱資源量は世界第3位であるにもかかわらず、開発率は3％にも満たないのが実態だ。地熱地帯が温泉や自然公園の区域と重なっていて、開発への規制が多く、また、温泉事業者との調整が難しいといった点が、進まない主な理由であるとのことであった。

こうした課題は一朝一夕に解決できるものではないが、農林水産省としても、積極的に取り組んでいくべきだと考えた。

具体的には林地だ。奥山深いところにある自然公園や温泉地は、国有林などの林地であることが多い。このため、林野庁長官に、環境省とよく連携をとって、温泉事業者とも話し合いながら対処するようにとの指示を出した。

こうした取組の中で、菅総理の退陣条件をめぐり、様々な議論がなされていた。その条件の一つに位置づけられていたのが、再生可能エネルギー固定価格買取法（電気事業者による再生可能エネルギー電気の調達に関する特別措置法）の成立だ。

平成23年8月に入ってから、経産委・環境委・農水委の連合審査も行われ、私も出席をしたが、同月下旬に成立を見るに至った。具体的な買取価格はその後設定され、農山漁村において再生可能エネルギーの導入を推進する環境がまた一つ整うこととなった。

耕作放棄地の活用のための仕組み

耕作放棄地の活用を具体的に進めるためにはどうしたらいいか、という本格的な検討にも着手した。

大きな論点としては、まず何よりも、どのようにすれば、食料を供給する基地としての農山漁村の機能と調和を保ちながら、再生エネルギーの導入を進められるかということだった。

平らで、まとまって存在する農地は、農業をやるのに適しているだけでなく、何をするのにも使いやすい。もちろん、太陽光パネルも設置しやすい。しかし、こうした農地はその本来の目的に用いるべきだ。

単に現時点で作物が植えられていない農地、すなわち休耕地であればどこでも使えるようにしてしまうと、この機能を弱めることになってしまう。具体的な個々の農地

平成23年10月、栃木にて農業用水を活用した小水力発電の現場を視察

に当てはめたときに、しっかりとした区分けができる仕組みを考える必要があった。

もう一つの大きな論点は、単に耕作放棄地を使ってくれと言っても、現実には太陽光パネル等の設置は進まないことは明白で、ここへの対処をどう考えるかということだった。

耕作放棄されている農地というのは、一般的に言って条件が悪い。傾斜がきつい、区画が小さくて大型の機械も入りづらい、山奥にある、といった悪条件だ。こういう耕作放棄地は、送電線からも遠く離れていることが多いであろう。こうした土地が分散したままでは使いづらい

ので、「まとめて使う」ことを促す仕組みを考える必要があった。

こうした検討を進める中、平成23年10月には栃木県に出張し、ほとんど原野に戻っている状態の耕作放棄地、幅1メートルほどの用水路を利用した小水力発電、林地残材のバイオマス活用の現場を視察することができた。

特に小水力発電については、改めて具体的なイメージを持つこともでき、非常に勉強になる出張であった。


農山漁村への再生可能エネルギー導入促進のための法案提出

耕作放棄地等の活用に関しては、上述した課題解決のための制度的な枠組みを整える法律（農山漁村における再生可能エネルギー電気の発電の促進に関する法律）をまとめ、平成24年2月に国会に提出した。

守るべき農地とそうでない農地の区分については、現地の状態を一番分かっている市町村が、食料生産に使う区域と再生エネルギー発電設備の設置を促す区域を区分する計画を作成し、この計画に基づいて事業者が具体的な事業計画を作る仕組みとした。

また、耕作放棄地をまとめて利用する際に、個々の農地ごとに権利移転の手続きが必要だと非常に面倒くさく、煩雑なので、１枚の計画でまとめて権利移転ができる仕組みを導入した。

加えて、この法律に基づく事業計画の認定を受けた場合には、関連する農地法等の許可があったとみなす、いわば手続き簡素化の措置も盛り込んだ。残念ながら、この法律は現時点においても成立に至っていないが、我が国の将来を考えたときに、非常に意義ある内容となっていると確信している。

早期の成立を願っている。

第16章　農林水産物・食品の輸出

原子力発電所事故での取組頓挫

我が国の農林水産業を再生させていくためには、輸出促進への取組も不可欠であることは言を俟たない。

6次産業化の手段の一つとしても位置づけられるものだ。それまでも輸出額1兆円の達成に向けて取組が続けられてきており、この流れを更に加速させたいというのが就任時点の認識だった。

しかし、残念ながら、原発事故で環境が大きく変わってしまった。事故を受けての当然の反応であるが、諸外国・地域は日本からの輸入食品に対する規制を強化したことから、それを元に戻すための取組、言わばマイナスからゼロに戻すための取組に努力を傾注せざるを得なかった。

政務官や事務方を各国・地域に派遣するほか、あらゆる機会を捉えて、輸入規制の撤廃・緩和の働きかけを粘り強く行わせた。

端的に言えば、我が国からできるだけ多くの情報を提供するので、それを基に科学的に判断を行ってほしいということだ。

私自身、ＡＳＥＡＮ＋３農林大臣会合や日中韓農業大臣会合の場で、あるいは、大臣室を表敬した各国大使や要人に対し、こうしたお願いをしたし、香港出張の際には食物衛生局長官に輸入規制の更なる緩和を要請した。

輸出戦略の根本的な立て直し

こうした働きかけを行いながらも、原発事故の発生という大きな環境変化を受けて、輸出戦略そのものを根本的に立て直す必要があると感じていた。

このため、平成23年10月に検討の場を立ち上げ、翌11月には取りまとめまで行った。この中で、原発事故の影響への対応として、国だけでなしに、民間とも協力して、タイムリーに丁寧に各国への情報提供を行っていく必要性を再確認した。

また、「国家戦略的なマーケティング」という考え方も盛り込んだ。具体的に言えば、例えば各都道府県が単発的にPRするのではなく、日本産、ジャパン・ブランドという大きな括りの下で、連携を取りながら、継続的・戦略的に売り込みをかけていく体制を整備していこうという考え方だ。

こうして、輸出拡大に向けた再挑戦が始まったわけだが、私も、24年3月、農林水産省の主催で開催中の日本食品見本市に合わせて、我が国農林水産物・食品の最大の輸出先である香港に出向くこととした。

このとき、香港貿易発展局のフレッド・ラム総裁とも親しくお話をする場を持った。香港貿易発展局は、日本で言えばジェトロに当たる組織だ。

ラム総裁とは、もともと、23年2月に香港の物品のPRのために訪日された際に知遇を得ていたのだが、非常に歓迎を頂き、この年の8月に開催予定の食品展覧会「香港フードエキスポ2012」において、日本を初のパートナー国として位置づけるとの約束も取り付けることができた。後任の郡司大臣にオープニング式典に参加をしてもらったと聞いている。ラム総裁が5月に来日された際には、香港貿易発展局との定期的会合の開催など合意し、香港向けの輸出促進に関する覚書にも署名した。

日本と香港とのこの分野での結びつきが、今後更に太いものとなることを期待している。

日本食文化の世界無形遺産登録

この間、将来的な輸出拡大につなげるべく、別の手もうっていた。

日本食文化の世界無形遺産登録に向けた取組だ。日本食が素晴らしいものだという認識が広がらなければ、日本食品そのものへの関心や需要の高まりにも限界があるだろう、との問題意識に基づくものだ。

食の分野での世界無形遺産としては、これまでにフランスの食文化、地中海料理などが登録されていた。地中海料理では、オリーブオイルがその核に据えられていると の話も聞いた。このため、日本食の何をアピールしていけばいいか、特色は何かといった点について、関係省庁とも連携しながら、有識者の方々による検討会を立ち上げて議論をしてもらった。

平成24年3月にはユネスコへの提案を行い、結果を待つに至っている。

中国への農産物輸出―国交正常化40周年―

ここで、中国への農産物輸出への取組についても言及しておきたい。

誰しも感じるところだと思うが、人口規模や経済発展の見通しから、我が国の農産物輸出先として、最も可能性があるのは中国だと考えていた。

地理的に近く、食文化の面でも近似性が高いという基礎的な条件も整っている。

しかし、中国への農産品輸出の現状を聞いてみると、動植物検疫の問題があって、そもそも輸出可能な品目もコメ、りんご、なしと乳製品のみ。しかも、乳製品は我が国での口蹄疫発生で事実上ストップした状態、コメもかなり厳しい条件だったため、まとまった量の輸出はできていなかった。

私は、就任直後から、中国等外国への輸出が具体的に伸びるような取組が何かできないものだろうかと考えていた。

この頃、すなわち平成22年秋の日中関係はというと、中国漁船が尖閣列島周辺で海上保安庁船舶へ危険行為を行ったことによる中国人船長逮捕をめぐり、緊張が走っている時期であった。

そういう時期であればこそ、農産物輸出等の経済面での連携強化が、両国の戦略的互恵関係の強化にも資することになるとの思いも持っていた。

そこに、中国国務院が管理する100%国営企業である中国農業発展集団総公司（中農集団）が日本の農産物を欲しがっている、との話が持ち込まれてきたのである。うまく進めば双方にメリットがある話だ。

平成22年12月の筒井副大臣の北京訪問、それに続く23年1月の中農集団・劉董事長の訪日と、レールづくりのための努力をしていくわけだが、心配する声も届いていた。

それは、中国も我が国の農産物市場を狙っているのではということだった。動植物検疫の問題はあくまで科学的根拠に基づいて処理するのが建前なのだが、実態としては相互主義の面がある。

要は、日本の希望するこの品目の輸入を解禁してやるから、中国が希望する品目の日本への輸出も解禁しろ、というギブアンドテイクだ。しかし、私としては、今回の話の大前提は、中国側が日本の農産品を求めていることという理解だった。駆け引きを弄するようなことなら話が違うわけで、中国側も同様の認識だという報告を受けていた。

我が国において中華人民共和国を代表する程永華大使も積極的にサポートしてくれていた。劉董事長の来日時に開催した説明会にも駆けつけられ、挨拶もされた。また、3月頭には、一緒に夕食をとりながら様々な意見交換を行った。中国も本気だ、という感触を私なりに得ていたのだ。

さらに、程大使との間で共通の認識があったと思うのは、24年は日中国交正常化40周年の節目の年であり、さらに日中関係を深化させていく象徴として、この農産物輸出の話を進められれば意義深いということであった。

このような大きな文脈で考えていたため、私は国交正常化40周年関係の記念行事には、可能な限り時間を割いて出席をしたのだった。具体的な話もさらに進めていた。

3月19日から21日までの3日間、100名を超える代表団を組んで、私自ら中国を訪れる計画を進めていたのだ。農業や水産の関係団体のほか、二県の知事も同行してもらう約束を取り付けていた。

日本の農林水産品を広く紹介するとともに、私が農業大臣や検疫担当大臣などの中国政府幹部と会って、道筋をさらに確かなものにしたいと考えていた。3月8日には

ＮＨＫのクローズアップ現代でもこの取組が放送され、周囲の期待感が高まってきているのも感じていた。

ここで発生したのが東日本大震災であった。私をはじめ、農林水産省全体が大震災・原発事故対応に全精力を注ぐことになり、このプロジェクトどころではなくなってしまった。

各国の輸入規制も強化され、特に中国は厳しい対応であったため、現実問題として中国への輸出を進める環境も損なわれてしまった。めぐり合わせといってはそれまでだが、今振り返ってみても、このとき私が訪中できていればという思いを拭いきれない。

発災から約1年後の24年4月、韓国・済州島での日中韓農業大臣会合でのこと。中国の韓農業部長（農業大臣）とのバイ会談における彼の第一声は「去年の3月は北京でお待ちをしておりましたのに、お会いできずに残念でした」というものであったことを紹介しておきたい。

日中にとって国交正常化40周年という記念すべき年であった24年が、この40年の中で最悪ともいわれる状況の中で幕を閉じることになってしまったことを非常に残念に思う。

第17章　本格的な復興支援

復興構想会議の提言、政府の「復興の基本方針」

発災後、緊急措置として様々な対応を迫られ、第1次補正、さらには第2次補正で、できる限りのことをしてきた一方で、本格的な復興に向けた動きも始まっていた。

4月14日には、東日本大震災復興構想会議での議論が開始された。防衛大学校の五百旗頭校長を議長に、岩手、宮城及び福島の各県知事のほか、様々な有識者が参加し、幅広い見地から復興に向けた指針策定の議論が進められた。

単なる復旧ではなく、未来志向の創造的な取組が必要との認識に基づいて議論が重ねられていったが、6月25日、復興に向けた骨太の青写真である「復興への提言～悲惨のなかの希望～」が取りまとめられた。

この提言を受けた形で、政府としての方針を定める「東日本大震災からの復興の基本方針」も7月29日に決定されることになる。ここで記載された方向に沿って、被災地の本格的な復興を行っていくことになった。

この基本方針が定められる前、7月中下旬であっただろうか、ある日の夕刊に「復興対策予算は10年で23兆円、うち当初の5年で19兆円規模」との記事が出ていた。官房長をすぐに大臣室に呼び、事情を聴いたところ、農林水産省には何の照会も来ていないとのことであった。今回の震災で最も大きな被害を受けたのは漁村であり、農村だ。

現場がどのような支援が必要とされているか、最も分かっている農林水産省から何らの話を聞くことなく、先に数字ありきで進もうとしているのかと大きな怒りを覚えた。大切なことは、現場から必要とされるものは必ず対応しなければならないということであり、この19兆円あるいは23兆円という数字を理由として必要な対策を拒絶するようなことは、決してあってはならないのだ。7月26日に開催された政府の復興対策本部において、この思いを発言した。

各省が今後行う本格的な復興予算要求といかにして整合をとっていくかが重要であるが、この数字が決して「重し」にならないようにすべきであること、また、「幅」を持った概念の数字であることを共通認識としておくべきことなどを申し上げた。

後に復興債として発行されることになる、復興財源確保のための国債の発行規模を決めるため、目安となる対策規模の値が必要だという面からの要請ももちろん理解はしていた。最終的な基本方針においても、19兆円、23兆円という数字の前に「少なくとも」という文言が入っており、私が訴えた認識が反映をされたものとなっている。

水産関係の復興マスタープランは既に6月末の時点で策定・公表していたが、農業分野についても、23年8月26日に「農業・農村の復興マスタ―プラン」を策定・公表した。

2万ヘクタールを超える被災農地について、原発周辺区域などすぐには復旧が難しい農地を除き、3年間のうちに、すなわち26年度の作付に間に合うように、すべての被災農地を復旧するとの目標を掲げた。もちろん、単なる目標ではなく、すべての被災農地を地図にも落とし、個別具体の農地の状況を積み上げて策定した目標である。

それぞれの現場での将来に向けた道筋を示すことができたものと思う。

被災地で農地や林地を使いやすくする特区制度

本格的な復興に取り組むに当たっての大前提は、壊滅的な被害を受けて更地のようになっている被災地において、どのエリアに住宅を再建するのか、どのエリアに水産加工団地を作るのかといった土地利用のグランドデザインが定められていることだ。

しかも、市町村住民の総意に基づくものであることが期待される。

このような絵姿がないままに虫食い的に建物を整備しても、効率的な土地利用はできないし、何よりも、住民の生命の安全確保も十分に図ることができないことが懸念されるのだ。

このような計画を立て、実施していくためには、震災前の住宅地、農地、林地といった土地を、いわばガラガラポンで再編成しなければならないが、それぞれの法律に基づく許可等の手続きを一つ一つやっていくのは非常に手間がかかるため、ワンストップで処理できると利便性が上がる。

このような既存の土地利用計画の枠組みを超えて、迅速な土地利用再編を行うための特例のほか、地域の実情に応じた復興のまちづくりを支援するための様々な特例措置を講じたのが、12月7日に成立した復興特区法（東日本大震災復興特別区域法）だ。

各省庁の枠を超えての特例措置が講じられている法律であるが、この検討に当たっては、農林水産省としても最大限に協力することはもちろんのこと、現場の視点に立って議論をリードするように当初から指示を出していた。

とかく農林水産省の頭の硬さを示す典型として指摘を受ける農地転用に関しても、例えば、水産加工施設を危険の残る沿岸部から移転してくるという計画を市町村が作れば、優良農地であっても転用を許可する特例も導入した。

農地法、森林法その他農林水産省所管の法律について、考えられるだけの特例措置を盛り込んだつもりだ。

漁業特区

特区法に関しては、いわゆる漁業特区についても書いておきたい。

平成23年5月10日、村井宮城県知事が、復興構想会議の場において水産業復興特区の創設を提言された。これが漁業特区をめぐる議論の始まりであった。

村井知事の問題意識は、水産業に従事する者の約4割が60歳以上であり、今後の継続を考えたときに、民間企業と地元漁業者とが協力して会社を作り、サラリーマンのように若い人に働いてもらうことができれば展望が開けてくるところもあるのではないかということであった。

具体的には、漁業権の免許をするに際し、漁業法においては漁協が最優先とされているのを、一定の場合には民間企業に免許取得を認める仕組みを作ってはどうかという提案だ。これに対しては、宮城県を中心に、全国の漁業者から反対の大合唱が起こった。

その理由は、限られた漁場の利用に当たっては、様々な利害が錯綜しがちなところを、うまく調整を行いながら、将来を見据えて管理を行っていく必要がある。にもかかわらず、漁協以外にこれを委ねることになると色々な紛争が生じ、浜が大混乱するということであった。

また、民間企業は儲からないと分かればすぐに撤退していくこと必定で、現に過去においてそのような行動を取った企業に地元漁業者が翻弄されたこともあったようだ。すぐにこの考え方の違いが収れんするとは思えなかったが、一方で、復興構想会議の提言において漁業特区を導入すべきとの取りまとめが行われたため、政府の一員である農林水産省としてもこれを前提とした対応を求められることとなった。発災後の様々な問題への対応に当たっては、地元が求めることに最大限対応していく、という姿勢で臨んできたところであったが、地元の意見が一枚岩でない事態となったため、難しい対応を迫られるなあ、というのが正直な気持ちであった。

最終的に、復興特区法においては、「被災地のうち、地元漁業者のみでは養殖業の再開が困難な区域において、地元漁業者主体の法人に対し、県知事が直接免許を付与することを可能とする」という漁業法の特例を定める特区制度を導入することとした。県から地元の漁業をめぐる事情などを記した計画を出してもらい、内閣総理大臣が認定すれば特区になるという仕組みだ。

25年4月10日、宮城県からこの特区申請が行われ、同23日に認定されたと承知しているが、何より大切なのは、被災地の復興につながる結果を生み出すことができるかどうかである。

３次補正での本格対応

平成23年10月には、本格的復興対策として3次補正が編成された。農林水産省関係の予算額は１兆１，２６５億円で、うち水産関係は４，９８９億円。通常の水産庁の年間予算が２千億円程度であるから、いかに大きな規模か分かってもらえると思う。

この中での水産業の復興対策について特筆しておきたい点がある。一つは、漁業・養殖業において、人件費、燃油代、氷代などの経費をまとめて支援した上で、事後的に、水揚げ金額から返還してもらうという仕組みの事業（漁業・養殖業復興支援事業）だ。

すべてを失ってしまった中では、何から手をつけようとしても、先にお金がかかる。特に、大型の船を失っていた場合には船の建造費用など自力ではなかなか手当が難しい。また、養殖業にあっても、種苗を買って、育てても、実際に出荷できるまでは支出ばっかりで収入がない。こういった事情を踏まえて、「最初の時点でまとまったお金を国から用立てますから、それで頑張って下さい。それで最終の売上金から返して下さい」という仕組みの事業を設けたわけだ。

しかも、売上金で賄いきれなかった場合には、赤字の一定部分は国への返還は不要としますよ、という仕組みにした。加えて、ある人に支援して、そこから戻ってきたお金を、さらに別の人の初動時の支援に活用できる基金方式で事業を実施をすることにより、限られた予算でより多くの取組を後押しできるようにした。

また、水産業の再生に向けた一体的な取組の面でも更なる措置を講じた。

発災から時間が余り経過しておらず、地域の土地利用の方向性も固まっていない時期にあっては、水産加工場や製氷施設、あるいは冷凍・冷蔵施設などの建物そのものの再建支援までは難しいところがあった。このため、1次補正、2次補正では、フォークリフトなどの「機器整備」への支援を行いつつ、できるだけ柔軟に運用するとの方針で対処してきていたのだが、3次補正では、いよいよ施設そのものの再建支援ができる仕組みを整えた。

福島の漁業者の心情と将来への希望

この後、さらに平成24年度予算においても所要の予算を計上して、復興の後押しをしていくことになるのだが、未来への希望という点で、この時期私が最も気になっていたのは、福島沖での漁業再開問題であった。

原因は、もちろん放射性物質だ。農地や林地においては、様々な難しい問題があるとはいえ、少しずつ前に向かっているところもあったが、海の場合、海流に応じて放射性物質が移動する、陸上で川に集められたものが海に下ってくる、魚介類そのものも移動する、といった問題がある。

とにかく、ひたすらに海産物の検査をするしかないと取り組んではいたが、果たしていつになったら漁業を再開できるのか見通しが何も立たないままでは、心が折れてしまうことを心配していた。

このため、24年1月には前年4月以来、再度福島県いわき市を訪れて、漁業関係者との率直な意見交換を行った。

春が漁期となるイカナゴから試験操業という形でも復活できないかとも模索したのだが、結局かなわなかった。消費者の皆さんの理解を得ながら行っていくことが大前提であるため、拙速になることだけは避けるべきであり、地元でも苦渋の中でしばらく操業を見合わせる判断をしたのは妥当であったと思う。

その後、検査結果に基づいて、魚の種類や操業区域を限った形での試験操業が始まったとの報に接することができ、当時を思い起こしながら非常に嬉しく感じたのを思い出す。

【コーヒーブレイク２　第二の大臣室】

国会内に各省の控室というものが設けられている。

農林水産省の控室は参議院別館の４階にあるのだが、ここにも大臣室がある。

国会会期中は閣議も院内の閣議室で行われるし、閣議終了後の定例記者会見も議員食堂前でぶら下がり方式で実施されることが多い。

さらに、本会議のほか、閣僚として予算委員会や農林水産委員会などに出席する場面も多いため、いちいち本省に帰らずとも、僅かにでも空いた時間を活用して、この控室で様々な打ち合わせなどができるようになっているのだ。日によっては、朝宿舎を出てから一度も本省に行くことなく、終日、国会内で過ごすこともあった。この院内控室にある大臣室は極めて簡素な部屋だったが、大震災関連などの国会質問で毎日国会に出かける状態が続いた時期があったこともあり、多くの時間をこの控室で過ごすことになった。

ところで、国会控室は、まさに国会関係の前線基地で、国会議員からの様々な問い合わせへの対応、議事日程などを巡る委員部との調整といった業務を行っている。

本省では幹部職員以外大臣と接触する機会は少ないが、ここでは気楽に言葉も交わすことになるわけで、職員にとっても特別な環境だ。

また、ここでも女性職員が元気に活躍しているのは嬉しい限りであった。

［第３部］

第18章　ＴＰＰその２（23年秋）

野田総理の下で議論再燃

平成23年9月に野田内閣が発足し、私も引き続き農林水産大臣を務めることとなったが、就任直後から、総理がＴＰＰや経済連携に関する勉強会を精力的に開いているとの報告を受けていた。

22年秋の横浜ＡＰＥＣ首脳会談に向けて起きた様々な動きについては先に述べたとおりであるが、その後は、程なくして、東日本大震災・原子力発電事故への対応が国政の最重要課題となり、私の感覚では、言葉を選ばずに言えばＴＰＰは後回しでいいだろうとの考えも正直あった。

菅政権末期の8月に閣議決定された「政策推進の全体像」においても、経済連携についてでは「震災や原子力災害によって大きな被害を受けている農業者・漁業者の心情、国際交渉の進捗、産業空洞化の懸念等に配慮しつつ、検討する」という表現にとどまっている状態、これが野田政権発足時の状況でもあったからだ。

一方、23年秋のＡＰＥＣ首脳会談は、オバマ大統領の文字どおりのお膝元であるハワイで開催されることが決まっていた。

野田内閣で国家戦略担当大臣としてＴＰＰを担当する古川元久大臣からも、関連して様々な相談を受け始めることになる。もともと野田総理は、県会議員の時代から自由貿易論者であり、できるだけ経済連携を進めたいという意向であることは私も承知をしていた。

このような中、様々なレベルでの各国との情報収集により、ＴＰＰについて分かってきていたこともあった。

交渉内容が21の分野に分かれていること、作業部会としては24に分かれていることなどだ。

しかも、問題は、医療、保険などの金融サービス、政府調達、自動車の安全基準、投資家対国家紛争解決条項（ＩＳＤ条項）、環境など、農産物その他の関税以外にも交渉分野が多岐にわたっており、交渉に参加した場合、我が国にどのような影響が出ることになるのか、いい影響なのか、悪い影響なのか見極めができる段階には至っていなかったことだ。

民主党の経済連携プロジェクトチームでの議論も再開されていたが、また騒がしさを増してきつつあった。

一方で、これまでの「情報収集」の結果をどのように評価するか、その上での選択をどうするか、いわゆる推進派と慎重派で真逆の考え方が対立し、先鋭化しつつあるのが10月半ばの状況であった。

政府内にいた私自身、内心では、ＴＰＰの内容は未だ不確かであり、特に非関税分野で我が国全体にどのような影響が及ぶのか、まだ判断できないところが多いな、というのが正直なところだった。

「非公式協議」のアイデア

こうした中、平成23年10月20日の日本農業新聞の１面に『ＴＰＰ「非公式協議」が浮上』との記事が載った。

この記事は、党のプロジェクトチームでの議論の動きを伝えるもので、非公式協議の名の下での「なし崩し」の参加を懸念する、とのトーンのものであった。

しかし、私は、逆に、できるだけ前向きに対処したいと考えている野田総理と、推進派と慎重派の議論の対立が深刻化している党の状況を併せ考えたときに、この「非公式協議」というアイデアをうまく活用できないものかと考えた。

1年前の議論の時点から、我が国においては、TPP交渉に参加する場合には、事前にその旨を表明することが当然と受け止められてきたところがあった。

しかし、その当時、現に交渉に関連している他国の状況を見ると、豪州やペルーなどが参加表明を行って交渉に入っていた一方で、カナダやマレーシアにあっては水面下で協議を開始しているにもかかわらず、対外的な発表は公式には行っていなかったのだ。

日本だけが事前に参加表明しなければならない謂われはない。

加えて、既に交渉に参加している国から何を求められるのか、どこまでの自由化を迫られるのか、自由化の例外はどこまで認められるのかを含め、TPPに対し寄せられている様々な懸念に答えていくための情報が、非公式協議で今までよりも得られやすくなるのではないかと思われた。

こうして実質的な意見交換をしながら、その結果に応じて、余りにも我が国の実情から難しいことだと判断したら、正式な交渉参加の前の時点で撤退するという対応も可能と思われた。

また、この「非公式協議」案は、まず国民に情報を提供することが最優先であるとの気持ちからのものでもあった。

この頃、私がＴＰＰ交渉参加に慎重な姿勢を取っていることに対し、日本経団連の米倉会長から、「農業をつかさどる閣僚がそういう弱腰では困る」という批判があった。マスコミの一部からは、私に色々けしかけるような発言も実際あったが、私は決して乗らなかった。

交渉参加への賛否の判断は我が国全体にとって非常に大切なものになるが故に、国民に冷静に判断をしてもらわなければならない中で、農業界と経済界の対立という矮小化した構図に陥るのは適切なことではないとの気持ちからであった。

野田総理との極秘の意見交換

この時期、平成23年10月下旬以降のことだが、野田総理からの求めに応じる形で、極秘裏に二人だけの意見交換も行っていた。

総理としても、私の理解を得られなければ、この問題を先に進めていくことはできないとの認識だったのだろう。

11月5日の夜、総理公邸でのこと。総理は、単刀直入に「TPPをやりたい」と切り出してきた。その上で、「これなら受け入れられる、という除外品目についての条件を出してくれないか」と投げかけてきた。

党のプロジェクトチームで議論が紛糾していることを含め、現況をよく承知されていた中での直球であった。

私からは、先に触れた日本農業新聞の記事をコピーしたものを渡し、事前協議方式でどうですか、と率直に話をした。

現下の状況で強引にまとめようとすると無理がある、各分野での懸念が広がっており単に農林水産品の問題だけではないため「条件」云々を議論すると必ず他分野に波及して収拾がつかなくなる、「非公式」あるいは「事前」とはいえ実質的な協議が始まることになるのだからこれまでよりも前進しているとの評価にもなるのでは、といった話をしたのであった。話し合いは事実上平行線であった。

この日は、まずは党のプロジェクトチームのとりまとめがどうなるか、よく踏まえた上でまた話し合いましょうということで官邸を後にした。

勝負の１週間の始まり

翌週７日からの１週間は山場になると目されていた。

ハワイのＡＰＥＣ首脳会談に出発直前の11日には、総理出席の下で、衆・参予算委員会のＴＰＰ集中審議も予定されていたが、野党からは、国会での議論を経ることなく参加表明することは国会軽視も甚だしい、との声が日増しに強くなってきていた。

党のプロジェクトチームでも９日までに提言をとりまとめるとのスケジュール感が示された。

党の中では、推進派と慎重派の対立が更に抜き差しならないものとなってきており、９日夜になっても議論が継続していた。

推進派は「総理に一任すべき」との取りまとめにすべきと主張し、慎重派からは、それは従来の議論を踏まえた文言ではないと応じて紛糾が続いた。最終的に、9日の夜遅く、次の文言で民主党プロジェクトチームの提言がまとまった。やや長くなるが、関係部分の全文を引用する。

「環太平洋パートナーシップ（TPP）について

・TPPへの交渉参加の是非の判断に際しては、政府は、懸念事項に対する事実確認と国民への十分な情報提供を行い、同時に幅広い国民的議論を行うことが必要である。

・APEC時の交渉参加表明については、党プロジェクトチームの議論では、「時期尚早・表明すべきではない」と「表明すべき」の両論があったが、前者の立場に立つ発言が多かった（詳細は別表のとおりである）。

・したがって、政府には、以上のことを十分に踏まえた上で、慎重に判断することを提言するものである」

この日は、公務を終えて一度宿舎に戻っていたが、21時頃、野田総理に電話をして話をした。

党の議論の状況を踏まえても、「非公式」あるいは「事前」協議でいくしかないのではないか、との私の考えを重ねて申し述べた。総理からは、いずれの場合であっても交渉参加を前提としたことになり、意味としては交渉参加と変わらないんじゃないか、との答であった。

私は、これを「だから交渉参加と言わせてくれ」という意味だと受けとめつつ、一度電話を置いた。ここで思い出したのが、22年11月に閣議決定した「包括的経済連携に関する基本方針」での書きぶりである。ここでは、「ＴＰＰについては、その情報収集を進めながら対応していく必要があり、国内の環境整備を早急に進めるとともに、関係国との協議を開始する」とされていた。

いわゆる「情報収集のための協議」である。総理のロジックであれば、この「情報収集のための協議」も交渉参加と同じことを意味するものになるが、そうではないことはこのときの整理からも明らかだ。

この他の点についてもさらに考慮した上で、総理に再び電話をした。

これまで関係９カ国と情報収集のための協議を行ってきた。しかしながら、このような協議では情報収集が十分でなかった。故に、交渉参加するとすれば、関係国からどのようなことが求められるのか把握するための協議に入ることとするという案はどうですか、と申し上げた。

平成22年11月の包括的経済連携に関する基本方針並びに党プロジェクトチーム提言にも整合するし、より深く情報を得ることになることからしても半歩前進することになる、ということを併せ申し上げた。総理はメモを取りながら聞いていたような感じだった。

ギリギリの攻防の1日

翌10日は勝負の日と目されていた。

事務方からも、夕刻に関係閣僚の委員会開催、引き続いて総理記者会見で方針発表、との道行きになりそうだとの報告を受けていた。

この日は、午前中に3次補正予算の衆・予算委における締めくくり質疑、午後一番に衆・本会議での採決があり、その後、14時頃であったか、本省大臣室に帰ってきたところ、町田事務次官、山田農林水産審議官などが緊迫した表情で待ち受けていた。

そこで見せられたのは、夕方にも開催されると聞いていた包括的経済連携に関する閣僚委員会の決定事項案であり、「環太平洋パートナーシップ（ＴＰＰ）協定交渉への参加の意図を表明する」旨の記載があった。

素っ気なさ過ぎるほど素っ気ない、シンプル極まりない一文だ。内閣官房から各省庁に対し、このような紙が送られてきたということであった。

これまでの議論の経緯に照らし、また、何の補足説明もなく、このような一片の紙が送られてきた、ということに対し、事務方も怒り心頭の様子であった。

もちろん、私も怒りは治まらなかった。すぐに古川国家戦略担当大臣に電話をした。内閣官房からの通知は受け入れられない。党の意向も無視している。本当にひどいものが事務的に流されてきた。とても容認できないと極めて強い口調で話をした。

古川大臣からは、そのような連絡がなされたのは承知していない、確認するとのことだった。事務方からも、内閣官房の河相内閣官房副長官補に抗議の連絡をしたが、同様に要領を得ない返事であったとのことだった。

改めてこの時点での私の考え方を整理すると、次のような理由により、この時点で参加表明をすることは適当ではない、という判断に立っていた。

・関税撤廃のみならず、医療、知的財産権、政府調達、安全基準など21もの交渉分野がある中で、交渉参加の賛否を判断する前提となる情報が余りにも不足している。
・44の都道府県議会の反対意見書をはじめとして、地方社会から支持をされていない。
・参加の意思表明後の具体的な国内対策について何らの議論をしていない。
・TPP参加はマニフェストにも書かれておらず、国民に約束していない。
・政府・与党一体という政権運営の大方針に反している。
・国民的議論が未だなされていない。

古川大臣に電話をした後すぐ、野田総理にも電話をした。総理からは、とにかく一歩前に進みたい、交渉参加を前提として情報収集をやりたいんだ、とのことだった。

私からは、「交渉参加を前提とする」と言ってしまうと、党の方ももたないし、自分としても支えきれないと話をした。再考しますとの言を得て、一度電話を切った。

この後、とある議員から、連立を組んでいる国民新党の亀井静香党首が、TPPへの交渉参加表明をすれば、自見庄三郎郵政担当大臣を閣外に引き上げさせると発言している、との情報も伝わってきた。

15時過ぎ、古川大臣から電話が入った。重ねて私から問題となる点を述べたが、古川大臣からは、閣僚委員会で議論をしてもらって、最終的に総理に一任するのではどうかという提案があったため、あり得ない選択肢だと怒りを抑えながら電話を切った。

次は総理から電話があった。

私からは、自分の考えを再度、縷々申し上げた。その中では、交渉参加を表明するなら農林水産大臣の職を辞する、ということも明確に申し上げた。

しかし、「交渉参加を約束させてくれ」との総理の意志は固く、翻ることのないまま、15分弱の会話を終えた。この日、国会から大臣室に戻ってきて以来、大臣室の机を挟んだ私の目の前には、町田事務次官を始めとするごく限られた事務方がずっと座って、こうしたやり取りを聞いていたのだ。

この総理との電話の後、言葉をなくしている彼らに対し、参加表明となったら、自分は農林水産大臣の職を退くきりない。

農林水産大臣も納得して交渉参加の方針が決まったんだとなると、これまで懸命に築いてきた農林水産業の人たちや関係団体などとの信頼関係も崩れてしまう。

そうなると今後の農林水産行政に支障を来してしまう。野田政権全体のためにも退くことが一番いいということを率直に話した。心からそう思った。

しばらくして、古川大臣からまた電話が入った。今日の関係閣僚委員会と総理の記者会見は取りやめにした、との連絡であった。明日の予算委員会での集中審議の後で記者会見する、とのことだった。

その直後に、また総理から電話があった。今夜会いたい、輿石東幹事長も加わってもらって相談したいとのことだった。

いよいよ最終の勝負が決まる場になることは明確だった。

いよいよ最終章──決着のとき──

予定の時間、隠密行動を旨として総理公邸に到着した。

そこには総理、輿石幹事長が待っていた。後に長浜博行官房副長官、松井孝治参議院議員、河相官房副長官補等が呼び込まれた。

このとき私は、「人払いをお願いしたい」と言い、河相副長官補を始めとする役人には席を立ってもらった。

まさに日本国の行く末を決定する場面で、政治主導の最も問われるところでもある。

関連して付記しておくが、私は、ここに至る議論の過程においても、農林水産省の事務方に対し、「農林水産省はＴＰＰに反対だ」との表現は避けるべきだと話をしていた。

そもそも情報収集して判断するという政府の方針に沿わないし、今後の我が国のあり方に大きく関わる選択をめぐって、事務方が勝手に自分の主張を押しつけるような行動を取るべきではないと考えていたからだ。

この会談では、私から、交渉参加に踏み込むなら農林水産大臣を辞めると再度申し上げた。

これに対し、幹事長から、総理と鹿野大臣の２人の合意がないと、この内閣は持たない。鹿野大臣の辞任そのものがＴＰＰ以上に政局の引き金となるとの現状認識が披瀝された。

私からは、さらに、マニフェストに書いていないのみならず、つい先日の民主党代表選挙でも論点になっていないのにどうして踏み込むのか、など重ねて問いただした。

色々な議論が行われた中で、具体的に総理が翌日の記者会見でどういう言葉を使うか、ということが最大のポイントであった。

この場に松井参議院議員も参加していたわけだが、彼がおそらく幹事長の命を受けてだと思うのだが、総理の記者会見での発言案を準備してきていた。この案文をベースに23時頃まで議論を続けた。

ここで議論された案文が、最終的に11日夜になって総理記者会見で読み上げられることになるわけだ。

ポイントは、「交渉参加」と「協議」という2つの言葉をどのようにつなぐかだ。結論として「交渉参加に向けた協議に入る」とされた部分だ。

明日もう一度確認し合いましょうということで公邸を出たのであった。

相当集中して、緊張感を持っての話し合いであり、かなりの疲労を感じつつ、この日も日付が変わる頃に宿舎に戻った。

宿舎に戻ってからも、文言について総理と電話でやり取りがあったことを付け加えたい。

交渉参加を前提とするのか

翌11日は衆・参の予算委員会でのＴＰＰ集中審議であった。

いつものように早朝から国会質問の内容についてレクを受けることから始まったわけだが、午前中の審議を終え、国会内の農林水産省の控室に戻ったところ、総理秘書官から、国会内の総理室に来て欲しいとの連絡が入った。

出向いてみると、輿石幹事長が先に来ていた。

幹事長が党の状況を総理に伝える、そこに農林水産大臣も立ち会う、ということだったろうが、実質的には、昨夜議論を重ねた文言でいきましょう、との最終確認の場であった。

その際、私からは、重要なポイントは、今回の発表内容が「交渉参加を前提とするか否か」であるので、「交渉参加を前提としない」とハッキリ言ってくれと要請をした。

前提としないということであれば、党内も、また、野党の攻撃も乗り切れるという確信があったからだ。

総理からは「交渉参加に向けた協議に入る」という言葉を繰り返す、とのことであったため、私からはあらゆる場面で交渉参加は前提としないと発言しますよ、と言い置いてきた。

会談を終えて総理室の外に出ると、予想以上の多くの記者から取り囲まれ、もみくちゃになりながら、午後の参・予算委の集中審議に向かった。

同日19時過ぎから、包括的経済連携に関する関係閣僚委員会が開催された。この手の会議には、通常、各大臣の秘書官等が同席にするものであるが、すべてオミットされた。また、配付資料も一切なかった。会議では、野田総理が記者会見での発表文を読み上げた。

私からは、今回の方針は「交渉参加を前提とするものではない」と受けとめさせて頂きますと明確に発言した。ほかに発言する閣僚はいなかった。そのまま閣僚委員会は終了した。

そして20時から野田総理の記者会見が始まった。総理は、

「私としては、明日から参加するホノルルＡＰＥＣ首脳会合において、ＴＰＰ交渉参加に向けて関係国との協議に入ることといたしました」

とまず、交渉参加に向けた協議に入ることを述べた上で、

「世界に誇る日本の医療制度、日本の伝統文化、美しい農村、そうしたものは断固として守り抜き、分厚い中間層によって支えられる、安定した社会の再構築を実現をする決意であります。同時に、貿易立国として、今日までの繁栄を築き上げてきた我が国が、現在の豊かさを次世代に引き継ぎ、活力ある社会を発展させていくためには、アジア太平洋地域の成長力を取り入れていかなければなりません。このような観点から、関係各国との協議を開始し、各国が我が国に求めるものについて更なる情報収集に努め、十分な国民的な議論を経た上で、あくまで国益の視点に立って、ＴＰＰについての結論を得ていくこととしたいと思います」

として、今後、十分な国民的議論を行った上で、国益の視点から結論を出すことを述べられた。

そして、この翌日、ハワイでの首脳会談に向けて日本を発たれた。

総理がハワイから戻られた直後、11月16日には参・予算委でこの総理記者会見の意味するところは何かをめぐり、論戦が戦わされた。

私が予想したとおり、「交渉参加に向けて関係国との協議に入る」というスタンス

は、交渉参加を前提としているのかどうか、自民党の山本一太議員から厳しく追及を受けた。

私は「交渉参加を前提としたものとは理解していない」と答弁し、総理からも否定する発言はなく、このときをもって内閣の意思が内外に明らかになり、この点を巡る議論は沈静化していくこととなった。

国会での追及は続く

しかし、農林水産委員会での議論を中心として、ＴＰＰが国会質問で取り上げられる機会は更に増えていく。

委員会でのやり取りで思い出すのは、「鹿野はＴＰＰに賛成なのか、反対なのか明らかにせよ」と迫られることが何度かにわたったことだ。

外交交渉であるＴＰＰ交渉に参加するかどうかの判断権限は内閣に属している。賛否両論ある中でも、最終的に政府が突っ走り始めたら国会でも止められないわけだ。

「閣内にいる鹿野大臣が文字どおり『最後の砦』として踏ん張ってもらわなければな

らないんだ。あなたしか止められないんだ」と叱咤激励されることも多々あったが、私としては、各国が我が国に何を求めているか明確でない段階で、しかも国民的議論もしないで交渉参加に踏み込むなら、私は一人になっても閣内で踏ん張らなければならないとの気持ちが強かった。

また、どうして鹿野は交渉参加には反対だとはっきり言わないのか、との指摘も相当受けた。しかし、情報を収集・提供し、国民的議論を行って結論を得ていく、との内閣の方針の下、まだ情報収集を行っている段階で賛否を明らかにするというのは、筋が違う。

私は、筋を通していくことが、いざというときに説得力を持つことになるという考え方に立っていた。参考として触れることになるが、昨年12月の総選挙に先だって、民主党のマニフェストが議論された際、ＴＰＰを日中韓ＦＴＡ等と「同時並行的に進める」という内容で執行部一任を求められたときも、最後まで私は政調会長への一任を認めなかったのだ。

すなわち、民主党の衆議院選のマニフェストは、最終的には、ＴＰＰへの交渉参加を進めるという案から「政府が判断する」との書きぶりに修正されたのだ。こうした経緯からも、私の考え方を少しでもお分かり頂けたらと思う。

いわゆる「影響額試算」についても多くの質問を受けた。22年10月に世界すべての国からの関税を撤廃した場合には、生産額が4・5兆円減少するとの試算は公表していたが、TPP参加国に限るとどうなるのかという質問だ。情報収集をして、十分な国民的議論を行い、国益の視点で判断する、という内閣の方針に照らすと、こうした情報提供こそ、国民的議論に不可欠だと私自身思っていた。

このため、事務方に命じて内々には作業は進めていたが、政府内から強く公表は待ってくれとの要請があり、結局は公表するには至らなかったのだった。

この章で明らかにした経緯については、私としては、すべて心の内だけにとどめておくべきかとも思い一切他言することはなかったのだが、24年8月の民主党代表選への出馬に当たり、輿石幹事長のところへ挨拶に行ったところ、同行の増子輝彦議員、和嶋未希議員、小山展弘議員の前で、幹事長から披瀝があった。

すなわち、私が大臣を辞めるとの意思を表明することは内閣全体がもたないとのことだから、結果的に鹿野農林水産大臣が事態を収拾したんですよと話されたのだ。このため、こうしたいきさつを披瀝していくことも後代の参考になるのでは、と思うに至ったことを申し添えたい。

ＴＰＰに対する基本的考え方

平成25年２月、安倍総理が訪米し、オバマ大統領との間でＴＰＰに関する共同声明が発表され、３月15日には安倍総理が記者会見を開き、交渉参加を表明した。

ＴＰＰ交渉参加について、聖域なき関税撤廃は交渉参加の前提ではないと強調した。

しかし、問題は、交渉に参加する時点で「例外がないというわけではないですよ」と確認されればよいということではないはずだ。

例外が認められるかどうかは、あくまで交渉の結果として決まるのだ。

この点について、共同声明は何も言っていない。

そもそも、ＴＰＰは10年以内にすべての関税撤廃を原則とする協定だ。

それを承知の上で、すべての物品が交渉の対象になることを認めて、交渉で例外品目を勝ち取るんだということかもしれないが、聖域と称するものが守られる保証はどこにあるのか。

ゆえに、私の農林水産大臣在任中も、コメですら例外扱いすることは極めて困難だと国会でも明確に答えてきた。

コメ以外の重要品目も聖域として確保するというが、これがいかに非現実的であるかは、TPPについて多少なりとも承知している者なら誰しも分かっているはずだ。

現に、米国以外の交渉参加国からも、日本はTPPのルールを分かっているんでしょうねと牽制する発言がなされ始めているではないか。このことは、例外品目が認められることがいかに困難であるかをよく物語っている。

また、自民党では、聖域が確保できないと判断した場合、脱退も辞さないと決議して政府に求めたとのことだが、ひとたび交渉に正式参加した後で交渉内容が気に入らないから脱退しますというのは、国際上の信義からしても、また、米国との関係からしても、事実上可能なのだろうか。

だからこそ、民主党内閣での「交渉参加に向けた協議に入る」というのは、参加を判断する以前の段階にあるものであるゆえ、交渉参加を前提としないと、私ははっきり述べてきたのである。

安倍総理の交渉参加表明と合わせて、いわゆる「政府試算」も発表された。

ＧＤＰが３・２兆円増加する一方、農林水産物の生産額は即時の関税撤廃で３・０兆円減少との内容だ。様々な仮定・前提を置いた上での試算で、あくまで参考の一つに過ぎない位置づけだとの説明がされているようだが、ここでは2点を指摘したい。1つは、例外を勝ち取ろうとする交渉の厳しさを考えると、我が国の第1次産業維持のため国内対策が不可欠となると考えるのが自然だが、その財源は果たしてどこに求めるのかということだ。

しかも、現在国内対策に使われている関税収入等（例えば牛肉関税の約７００億円）は小さくなっていくと考えるのが自然だろう。台所事情はさらに苦しくなっていく。果たして、国民の皆さんに新たな負担をお願いする覚悟まで持った上での交渉参加表明なのかどうか。

もう1つは、農林漁業者の心理への影響だ。国境措置が維持されるのか、万が一維持されない場合にはきちんとした国内対策が措置されるのか、つまり、自分の生活を、家族を守っていけるのか、保証されていないのが今の状態だ。将来が見通せない不安な状況の中で、これからも意欲を持って生産に取り組んでもらえるとするなら、いかにも無理があるのではないだろうか。

生産にいそしんでいるのは農林漁業者である。

政治家、役人、学者が自分で生産するのではない。

常に厳しい自然と向き合わなければならない農林水産業の奥深さ、難しさを考えたとき、農林水産業はまさに「生業《なりわい》」であり、経済合理性の単なる理屈、机上論は通用しないとの認識を持つことが重要なことである。

農林漁業者の心理をいつも大切にすることが国民生活にとって最も重要な食料安全保障の確保につながることは論を待たない。

このほか、TPPは国民皆保険制度の取扱いなども現時点では未だ不明瞭なところが多い。

TPPは第1次産業にかかわる市場アクセスの分野だけでなく、医療、知的財産権、政府調達、安全基準、ISD条項など21分野にまたがる我が国の社会のあり方にかかわる国民生活にとって極めて重要な内容を含む協定である。ゆえに、政府の交渉参加の判断以前に国民にしっかり情報を提供して国民的議論を経てから判断すべきと、菅内閣、野田内閣での参加表明を、時期尚早と私自身職を賭して懸命に阻止したのだ。

情報を国民に提示もしていない、国民的議論も抜きにしての段階での交渉参加表明は、明らかに国民を無視した判断であったことを改めて強調したい。

第19章　森林・林業の再生

森林・林業への直接支払制度の具現化

森林・林業の再生については、政権交代後、赤松大臣の下で、すぐに取組が始まり、平成21年12月には「森林・林業再生プラン」が取りまとめられていた。

我が国の森林は、戦後に植林された森林の樹齢が高まり、いよいよ利用可能な段階を迎えつつある。

これをしっかり活用して、疲弊している日本の山を再生させるべく、需給両面、すなわち、川上の生産現場にてこ入れするとともに、川下の需要対策でも思い切った措置を講じていこうとするのがこの再生プランだ。私が就任した時点で、この再生プランに基づく具体的な対策として、国の事務所など、公共建築物に木材利用を義務づける法律も既に成立をしていた。

　こうした背景の中で私が取り組んだのは、林業版直接支払制度の具体化であった。ドイツやオーストリア並みに細かな作業道や林業専用道を網の目のように張り巡らせて、間伐などの森林施業をしっかり行う。その際、バラバラに取り組むのでは効率性も落ちるため、地形的にまとまりをもった区域全体で、複数の所有者の林地も一体として取り組むことを必須とする。伐採した材も、そのまま林地に残すことでなしに、搬出し、バイオマス発電も含め、有効活用していく。この事業を支援するものとして、直接支払制度を導入するというわけだ。

　国と都道府県でこうした取組に必要なコストの約7割を支援する内容の概算要求を既に了していた。

　この予算は、厳しいシーリングの制約の下、特別枠で要求していたが、先行実施と位置づけた22年度補正予算と、23年度当初予算を合わせて、概算要求並みとなる494億円を確保することができた。

　また、この「森林管理・環境保全直接支払制度」に関係する森林経営計画制度を導入する改正森林法を、23年の通常国会に提出した。震災直後の非常に慌ただしい時期ではあったが、4月に成立をさせることができた。

この直接支払制度が導入されて2年が過ぎたところだが、目に付きにくい地域で作業が行われていることもあってか、私の在任中も、具体的に進捗をしているという実感をなかなか持ちづらかったのも事実だ。まとまった形での森林施業を進めていくためには、具体的なプランを立てて、複数の所有者を説得するプロセスも必要になってくる。この意味で、各地域の森林組合の一層の活躍を期待したい。

海岸防災林の再生

東日本大震災の発生を受け、平成23年5月には、海岸沿いの林、海岸防災林について、改めてその機能の検証と再生に向けた課題を検討するよう指示を出した。

というのは、大震災時に津波を受けても、しっかりとした防災林、つまり相当の「厚み」がある防災林にあっては、津波の到達を遅らせるなどの効果が現に出ていたからだ。

一方で、根こそぎやられてしまった防災林もあった。植える木の種類、しっかり根を張らせるための盛り土の厚さなど、大学教授の皆さんなどにも加わってもらい、実務的に詰めてもらった。24年1月には取りまとめに至ったのだが、被災地の自治体が今後、更に本格的な復興に取り組んでいくときに、参考にしてもらえるものと思っている。

加速化基金の積み増し

「森林整備加速化・林業再生基金」にも触れておきたい。

地域において森林・林業に関係する施策に幅広く使える基金が、平成21年度補正により、各都道府県に設けられていた。通称「加速化基金」と呼ばれているものだ。間伐など山の整備をしてもいいし、木材加工施設を整備してもいい。地域の実情に合わせて柔軟に使うことができ、極めて使い勝手がよいものであった。1，238億円の規模で設けられ、事業実施期間は23年度までとされていたが、地方自治体から、また与野党双方の国会議員からも一致して、何とかして欲しい、と事業実施期間の延長と基金の積み増しを求める声が届きはじめた。平成23年夏以降のことだ。

このため、何とかこれに応えるべく、林野庁も一丸となって財政当局との調整に当たらせた。一時はダメかというところまで追い込まれたが、ある日の閣議終了後に安住淳財務大臣に直接談判して、最終的には、21年を上回る1，399億円という規模の積み増しを23年度3次補正で措置することができた。

被災地では復興需要で多くの木材が必要となっていることから、全国的に供給力強化の取組が必要との考え方の整理も行った。

皆さんに大変喜んで頂けたし、各地域で有効に活用されているものと思う。

環境関係の税金を森林整備に

就任直後に環境税の創設について発信したことは既に触れたが、地球温暖化税の使用使途拡大にも取り組んだ。

使用使途は温暖化効果ガスの排出源対策に充てられていたのだが、温暖化防止対策は、排出減対策のみならず、吸収源対策もある。

しかも、国際約束である我が国の削減目標6％の約3分の2を森林による吸収が占めているのだから、必要な森林整備関係にも使えるようにすべきだとの考えだ。事務方を動かすのみならず、政府内の会議でも何度も私自ら発言をし、また、与野党の農林水産関係議員からも税制改正要望に対する応援を頂いたのだ。

しかしながら、これまでの仕切りの壁は厚く、平成23年度、24年度と、2年続けて検討課題としての位置づけを超えるに至らなかったことは残念であった。

25年度もこの流れの中で同様の要望を行ったと承知しているが、これまた同様の整理をされたようだ。

森林の大切さを訴える

地球温暖化防止のみならず、生物多様性の保全など、森林は地球環境を持続可能なものとしていく上で、非常に大切な役割を果たしており、世界規模でその減少・劣化をいかに食い止めていくかが重要な課題だ。

平成18年の国連総会において、この認識に基づき、23年を「国際森林年」とすることが決議されていた。

森林に対する世界の市民の参加と理解を目的とするものだ。我が国でも、森林整備の大切さなどについての国民の理解がさらに進むよう、様々な取組を行った。1月には住友林業の協力を得て、有楽町でオープニングセレモニーを行い、私も出席した。

平成23年3月、「葉っぱのフレディ」に出演している子ども達を国際森林年子ども大使に任命

　また、3月には、ミュージカル「葉っぱのフレディ」に出演する子供達を「国際森林年子ども大使」に任命し、普及啓発の一翼を担ってもらった。このミュージカルは、葉っぱが成長し、枯れ、土に戻り、また次の年に生えてくる葉っぱの成長の糧となるという、命のつながりを表現する劇だ。私も実際に劇場を訪れ、感激したことを思い出す。

　彼らの元気で、はつらつとした笑顔、声を思い出すと、未だに微笑んでしまう。国際森林年に際し、森林に貢献している功労者を

世界中から募集し、僅か5人に限って顕彰する「フォレスト・ヒーローズ」に気仙沼でカキ・ホタテの養殖に取り組んでこられた畠山重篤氏が24年2月に選ばれたことも嬉しいニュースであった。

畠山氏は、「森は海の恋人」をテーマに気仙沼湾上流の植樹を続けてこられた方だ。大震災で親しい方を亡くされるなど、非常につらい思いをされていた時期であったが、表彰の報告に来て頂いたときには、不屈の精神の持ち主だなあと改めて感じた。

第20章　食品産業・外食産業

農林水産業の大切なパートナー

食品産業・外食産業は、国産農林水産物の最大の買い手・顧客だ。

我が国国民への食料供給を二人三脚でともに歩んでいく関係にある。我が国の将来を考えたときに、この歩みをさらに確かなものにしていくことが不可欠だとの思いを就任の時から心に抱いていた。これからの農林水産政策の主要な柱と位置づけている6次産業化を進める観点からも、大切なパートナーであることは言うまでもない。

このため、就任直後から、私自身、食品製造業、外食産業を代表する食品産業センター、日本フードサービス協会の方々と率直な意見交換をできる関係構築を心がけた。

国家公務員倫理法の関係もあって、就任以来、事務方と食品産業を含む関係団体との間で、意思疎通が円滑に行われているのだろうか、しっかり情報を把握しているのだろうか、との思いも持っていた。もちろん、なあなあの関係がいいということではない。

しかし、役所の会議室での意見交換だけでは、敷居も高く、本音を引き出すことはできない。建前論に終始したやり取りでは情報が足りないのだ。弁当でも食べながら、お互いに上下《かみしも》を脱いで率直に話ができる場を意識的に設けていくべきだ。

何か問題となったときには大臣である自分が責任も取るから、積極的に話し合う場を作るよう指示を出した。こうした流れを自ら作ろうという意図もあったのだが、食品産業センターに仲介の労をとってもらって、食品産業センターの会長でもある日清製粉グループの正田名誉会長をはじめ、日本を代表する食品産業の方々とざっくばらんに意見交換をする機会を持つことができたことを思い出す。

こうした取組を続ける中で、ＴＰＰや米国産牛肉の輸入緩和問題など、非常にセンシティブな問題についても、お互いの思っているところを開陳し合う関係を築くことができたのではないかと思っている。事務方も、平成23年9月の組織改編で誕生した、その名も食料産業局において、食品産業との連携をこれまで以上に強化していこうと、そして、普段から更なる意思疎通を図るべく、具体的な取組を進めてくれた。

このことは、食品業界からも評価されたと思っている。

東日本大震災時の心温まる協力

東日本大震災の発災直後に、食品関係企業から心温まる食料・水の支援を頂いたことは既に触れたところだが、その一方で、原発事故は、農林水産業と同じく、食品産業・外食産業に対しても大きな影響を与えていた。

返品・キャンセルはもとより、原材料等の放射線検査によるコストアップ、さらには各国の輸出規制での損害など、大変厳しい状況であった。それでも、引き続いて被災地のサポートをしてもらったことはありがたい限りだ。

外食産業においては、発災直後から、各会員企業の店舗に募金箱を設置して募金活動を行い、最終的には2億1千万円を超える額が被災3県に寄付されたと伺った。また、多くの店舗で使える「ジェフカード」という金券が発行されているのだが、日本

平成24年2月の復興音楽祭・キックオフ式典で世界的指揮者ゲルギエフ氏と

フードサービス協会のイニシアティブで、この金券の1%分を被災地に寄付するとの取組も始められ、大臣室で当時の佐竹会長から報告を受けたことを記憶している。また、大震災からちょうど約1年を経過した24年2月に世界的な指揮者であるワレリー・ゲルギエフ氏を指揮者として迎え、東京交響楽団の演奏で復興音楽祭を開催したのだが、日本フードサービス協会には農林水産省とともに、主催者として加わっても頂いた。

この復興音楽祭開催に合わせて、「食と農林漁業の祭典」のキックオフイベントも行った。

「食と農林漁業の祭典」とは、大震災を

契機に人々の絆や食料の重要性が再認識されたことを踏まえ、「食」を通じた生産者と消費者、日本と世界との絆を深めることを目的として、平成24年11月まで様々なイベントを行っていこうという取組だ。このキックオフイベントでは、ゲルギエフ氏に乾杯の発声をお願いし、奥田政之シェフ、伊藤勝康シェフ、音羽和紀シェフに被災地産の食材を使用した素晴らしいオリジナル料理も提供してもらった。

3人のシェフの皆さんは、この後も被災地の学校を訪問して、地元食材を使用した料理を子ども達に振る舞うといった活動にも参加されたと聞いている。改めてお礼を申し上げたい。

独自基準の広がりに一石

原発事故のあと、まず暫定規制値が設定され、その後、見直しが行われたのは周知の通りだ。

しかし、こうした変更が行われたこと自体も相まって、今までの500ベクレルという基準は何だったのだ、見直し後の100ベクレルという規制値は本当に信頼できるのかという声が少なからず広がっていた。

そのような心理を反映してのことだと思うのだが、「うちの店では放射性物質が少しでも検出された食品は取り扱っていません」といった独自基準を消費者にアピールするところも出てきていた。消費者に安心感を持ってもらおうとするなら予想された動きであった。

こうした状況を受けて政府としても何らかの方針を出さなければと思い、平成24年4月20日、農林水産省から食品中の放射性物質に係る自主検査に関する通知を発出した。お客さんである消費者の求めに応じて民間としての独自の取組を行っていることに対し、差し出がましくあれこれ言うことを目的としたものでは決してない。4月1日から適用された新しい基準値は、食品の国際基準を定める機関であるコーデックスよりも厳しい前提を置きながら策定したことなど、政府としての考え方をきちんと説明し、理解を得たいとの思いからであった。

しかし、思いもかけぬ大変なご批判も受けることとなった。そもそも独自基準を策定する動きが広がっているのは、政府が言っていることへの信頼がないことが原因であり、不信感を払拭する努力が先ではないか。あるいは、より安全な食品を求めたいのは消費者の自然な思いであるのに、それをよくないことだというのか、といった批判だ。

私からは、経緯を繰り返し申し上げるとともに、さらに政府としての説明の努力を続けることを約束した。しかし、独自基準の名の下にどんどん厳しい基準が広がっていきかねないことに対し、農林漁業者や食品産業の関係者が不安な思いを強めている中で、何とか生産者の努力、消費者の理解の両面がマッチするようにしなければならないという思いがあったことを付け加えておきたい。

第21章　家畜伝染病や自然災害への緊急対応

22年冬の鳥インフルエンザ大発生

東日本大震災の他にも、突発的な事象への対応を求められることが幾度となくあった。

農林水産省における最重要分野の1つが家畜伝染病対応だ。平成22年11月29日、島根県の農場で高病原性鳥インフルエンザが発生したとの報告が入ってきた。お昼過ぎに「もしかしたら」という第一報を聞いていたのだが、22時過ぎに確定診断が出た。一度帰宅していたのだが、すぐに登庁し、23時過ぎから農林水産省の対策本部を開催した。

この農場で飼養されている鶏の殺処分や焼埋却、近隣の農場の状況チェック、発生農場周辺での消毒徹底、農林水産省からの専門家派遣といった対処方針を確認し、速やかに実施に移すよう指示したが、私からは、とにかく緊張感を持って対応しようと呼びかけた。

加えて、島根県とよく連携を取るため、翌朝一番で松木けんこう政務官に現地に飛んでもらうこともこの場で決定した。まさにちょうどこの本部を開催しているさなかには、事態を心配した菅総理から電話があり、官邸でもサポートするので万全の対策を取るように、との指示があったことを覚えている。

この後、年内は落ち着いていたのだが、翌年1月から各地で爆発的な発生を目にすることになる。1月20日頃から宮崎での発生が相次ぎ、さらに、鹿児島、愛知でも発生が確認された。

1月下旬時点で、相当の危機感が共有され、27日には、政府の鳥インフルエンザ対策関係閣僚会議において、今後の防衛対応強化策を決定した。都道府県農務部長会議の緊急開催、都道府県による農場の衛生管理の一斉点検、農場からの早期通報の徹底という対策だ。

これまでの発生農場を点検した結果、防鳥ネットに隙間や穴が空いていることが多かったため、特にこの点の改善を徹底させた。早期通報については、死亡家きんの数が通常の2倍以上になったら必ず都道府県に報告してくれと徹底することで、早期発見・早期対応を更に進めることとした。しかし、このような取組にもかかわらず、2月には大分、奈良、和歌山、三重、更に3月には千葉と広がり、最終的には、22年度トータルで全9県の24農場で発生することとなった。

この年の冬には、16の道府県で野鳥から、また、動物園や公園で飼われている白鳥などからもウィルスが確認され、国内に鳥インフルエンザウィルスが蔓延しているといってもいい状態だった。専門家の先生からは、北方にある野生の渡り鳥の営巣地が汚染されてしまっていることが懸念されるというお話も聞き、暗澹とした思いにとらわれたこともある。

この間、松木政務官には、一時期はほとんど席を温める間もなく、現地に行ってもらったのだが、このことは県と一体となった取組を進めるために、本当によかったと思っている。

翌冬は、このときの経験も糧にしながら、最大限の緊張感を持って臨んだが、発生が報告されなかったことは非常に喜ばしいことであった。

家畜伝染病予防法の改正

関連して、家畜伝染病予防法の改正も記しておきたい。

平成22年4月に発生した口蹄疫は宮崎県の畜産のみならず、県全体に大きな打撃となった。この間の経緯は私の前任の山田大臣の著書に詳しく記されているとおりだ。このダメージから立ち直るため、できる限りの支援策を講じてきたが、私の就任後も、22年10月、宮崎県と農畜産業振興機構という独立行政法人に、2つの口蹄疫復興基金を設置することを決定していた。

しかし、何よりも大切なのは、再発防止と万が一の場合の拡大防止のための具体的な方策だ。こうした観点から、制度的な手当てとして、家畜伝染病予防法の改正にも着手していた。

この改正作業中に鳥インフルエンザの爆発的発生にも見舞われたわけだ。口蹄疫対応のみならず、鳥インフルエンザ対応で得られつつある教訓もできるだけ反映させた形でのとりまとめを目指した。その目指すところは、病気の発生予防、早期の発見・

通報、迅速・的確な初動に重点を置いた家畜防疫体制の確立であった。

この法改正で最大の論点となったのは、殺処分した家畜に対する補償水準であった。

従来、家畜の評価額の5分の4を手当金として交付する枠組みであったのだが、口蹄疫での経験に照らしても、経済的損失を恐れる農家が通報を躊躇し、その結果被害が拡大することを防止すべく、残りの5分の1も交付すべきとの声が強まっていたのだ。財政当局との調整は困難を極めたが、筒井副大臣と自民党の宮腰光寛議員の間で詰めの作業を行ってもらい、最終的には、私も財務省と話をし、口蹄疫や高病原性鳥インフルエンザなど、ひとたび蔓延すると地域に甚大な被害をもたらす一定の病気の場合に限り、特別交付金として残りの5分の1も交付する仕組みへと改めた。

ただし、家畜が沢山死んでいるのにすぐに報告しなかったとか、防鳥ネットが穴だらけなど衛生管理がしっかりしていなかったといった場合には、手当金全体について、全部又は一部交付せず、あるいは、返還というペナルティをセットで盛り込み、農家においても緊張感を持った対応を求めることとした。また、こうした措置が前年11月以降発生した鳥インフルエンザにも遡及して適用できるように措置をした。

23年3月、大震災の直前に国会提出に至ったわけだが、大震災対応で審議時間も限られる中、一刻も早く家畜伝染病の発生に備えた体制を整えるべきとの与野党共通の認識にも支えて頂き、年度内に成立を見ることができた。

次々と発生する自然災害

在任中、東日本大震災以外にも大規模な自然災害に沢山襲われた。

当然ながら、こうした災害があると農林水産業に多大な被害をもたらすことになる。具体的には、平成23年1月の新燃岳噴火、同年9月の台風12号による奈良・和歌山・三重三県での土砂崩れ・大水害、24年年明けからの北海道・東北での大雪、同年5月の栃木・茨城での竜巻といった災害だ。

これらの災害発生時も、すぐに農林水産省の災害対策本部を開催し対応を協議したほか、被害状況の把握と関係都道府県との密接な連携を図るため、新燃岳には松木政務官、台風12号被災地には森本哲生政務官、竜巻被災地には岩本司副大臣を急ぎ現地に派遣した。

また、被災農林漁業者への救済策の早急な取りまとめにも努力した。その際には、

平成24年2月、青森県で豪雪による被害を受けたハウスや園地の要望を受ける

被災した皆さんのお気持ちにできるだけ応えるべく、思い切った対応を心がけたのは言うまでもない。一例を紹介したい。

台風12号被害対応でのことだ。従来、傾斜がきつい農地は災害復旧事業の対象としないという運用をしてきていたのだが、梅が特産品である仁坂和歌山県知事から、梅はそういう傾斜農地で作るものだとの指摘・要請を受け、事務方にも知恵を出すよう指示し、事業の対象として整理をし直した。

私自身も、国会対応等の合間を縫いながらではあったが、現地に赴く

よう心がけた。台風12号被害では、奈良県に行き、ヘリコプターから山腹崩壊の現場を視察した。機上からは、あちこちに土砂崩れによる傷跡が見えた。

森林整備局に全面的なバックアップを指示するとともに、国交省とも連携して、国・三県の合同対策本部も立ち上げて一体となった対応のための環境を整えた。また、24年の大雪被害では2月に青森、3月に秋田・山形の状況を視察した。

太い骨格のハウスが原形をとどめない状態になっていたり、リンゴやサクランボなどの果樹の太い枝が折れているのをみて、こういうことで農家の意欲を失わせるようなことがあってはならない、との思いを改めて強く持ち、その後の対応につなげたことを思い出す。

第22章　国際会議への対応

カルタヘナ議定書締約国会合

在任中、様々な国際会議にも出席する機会に恵まれた。

まず、就任直後の平成22年10月、相次いで、2つの国際会議で議長を務めた。

1つは、名古屋で開催されたカルタヘナ議定書第5回締約国会合（COP―MOP5）だ。

遺伝子組み換え生物が輸入国の生物多様性に悪影響を及ぼしたときに、誰が責任を取り、どのように救済措置を取ることになるのか、「責任と救済」のルールづくりが最大の論点であった。当然ながら、輸出側と輸入側ではスタンスが異なるわけで、6

年の長きにわたって議論が継続してきていたものだが、参加国の努力により、また、日本もホスト国として各国間の調整を図って、「名古屋・クアラルンプール補足議定書」として取りまとめることができた。

環境分野において、我が国の都市名を関する議定書が採択されたのは09年の京都議定書以来だったそうだ。後々まで我が国の貢献を示すことになるわけで、議長として取りまとめができたことは非常に名誉なことであった。なお、名古屋ではこの会合に引き続き、松本環境大臣が議長を務めて生物多様性条約第10回会合も開催された。水田が多様な生き物をはぐくんでいることも話題となり、農業が生物多様性保全の面でも大切な役割を果たしていることを含め、生物多様性という問題に対する国民の意識も大きく高まる契機となったのではないかと感じた。

私自身、農林水産業が環境を守っている面を訴えていきたいとの思いが更に大きくなっていたことがあるのだが、環境問題への取組に対する事務方の意識も変えたいと思っていた。

この時期、温暖化対応については、ポスト京都議定書の枠組みをめぐり対立が抜き差しならなくなってきていた。二酸化炭素の吸収源として、森林が非常に大きな役割を果たしており、農林水産省としても強い関心がある分野だ。このとき、22年12月に予定されている気候変動枠組み条約締約国会合に事務方だけで参加したいと相談を受けた。

私は、言下にダメだといった。田名部政務官にブラジルに飛んでもらうことになる。翌年の会合にも、仲野政務官を南アフリカに派遣し、農林水産省の「本気度」を政府内外に示すことができたものと思っている。

私自身も、22年12月に金沢で開催された国際生物多様性年のクロージング式典に出席をして、COP－MOP5の成果を報告させてもらった。

新潟APEC食料安全保障担当大臣会合

私が平成22年10月に議長を務めたもう1つの国際会議は、新潟で開催されたAPEC食料安全保障担当大臣会合だ。

この年は、APEC首脳会談が横浜で開催予定となっており、様々な担当大臣会合をホスト国である日本のイニシャティブで開催してきていた。この機会を捉えて「食料安全保障担当大臣会合」という形で開催することとしたのだ。

平成22年10月、新潟県で開催されたAPEC食料安全保障担当大臣会合で議長を務める。

世界の人口が2050年には90億人を超える。この人口を養うためには、食料を1・6倍に増産しなければならない。輸出国のみならず、輸入国を含むすべての国での食料供給力の増大が大切だという認識に立ち、食料安全保障についてAPECとして目指すべき共通目標を定めた宣言（新潟宣言）を採択することができた。

私は、この会合の別の意味での成果は、「農業大臣会合」ではなく、「食料安全保障担当大臣会合」という名称の会議を初めて開催し、食料安全保障という概念を広く認識してもらうきっかけを作ったことにあると思っている。

翌23年6月にはフランスのサルコジ大統領の提唱で、G20農業大臣会合が開催され、食料安全保障について議論が行われた。国会の都合で出席できなかったことは非常に残念であった。

24年のAPECホスト国・ロシアも、食料安全保障担当大臣会合を開催した。この会合は6月にカザンで開かれ、私も出席したのだが、新潟会合が食料安全保障の重要性の流れをつくることになったのは間違いないと思う。

ASEAN＋3農林大臣会合と日中韓農業大臣会合

就任して初めての海外出張は、就任日から1年を超えた平成23年10月のASEAN＋3の農林大臣会合でのインドネシア訪問であった。

それまでの間も様々な計画があったのだが、23年1月にダボス会議に合わせて行われたWTO非公式閣僚会議は鳥インフルエンザへの対応で、3月の中国への農産物輸出ミッションは東日本大震災と原発事故対応で、6月のパリでのG20食料安全保障担当大臣会合は会期末での国会対応で、さらに、8月の香港への農産物輸出ミッションも国会対応で、それぞれ実現をみなかったのだ。

中国行きを除き、すべてが出発の直前ギリギリまで調整を続けたものの不調に終わったという経過にあり、代わりに急遽出席してもらった筒井・篠原両副大臣には迷惑をかけたと思っている。

このジャカルタでの会合では、「ASEAN+3緊急コメ備蓄協定」を採択することができた。この協定は、大規模災害等の緊急事態に備えて、国を超えた地域的な協力によってコメを備蓄する旨を定めるもので、従来から日本が議論をリードし、また、財政的な貢献もしてきていた分野であった。

この地域における食料安全保障の文脈においても非常に重要な枠組みを形にできたことは嬉しいことであった。また、このとき、「+3」として我が国とともに参加していた中国、韓国に対し、日中韓の農林大臣会合の開催を私から提案した。

それまでこの3国の定期的な農業大臣会合はなかったのである。経済連携の動きへの対応など、色々な面で置かれている環境も近いと思われる隣国同士で、より連携を深めていきたい、との思いからの提案だった。

両国から快諾をもらうことができ、これが翌年4月の韓国・済州島での第1回開催という形で具体化することとなる。

平成24年4月、初めての開催となる日中韓農業大臣会合にて（韓国・済州島）

この日中韓農業大臣会合は、非常に和やかな雰囲気の中での素晴らしい会合であった。

お茶を飲みながらの懇談の席でのことだ。３人の大臣の年齢から、私が長兄、韓国の徐農林水産食品部長官が次男、中国の韓農業部長が三男だとの発言をもらい、私からは「愚兄ではありますが」と応じ、３人で大笑いしたことを思い出す。ホスト国である韓国のホスピタリティにも素晴らしいものがあった。

食料安全保障、口蹄疫や鳥インフルエンザなどの動物疾病への対応、経済協力・経済連携などについて意見を交わし、共同声明を採択した。この会合を定期開催することも合意され、今年は我が国がホスト国だ。

実りある会議となること、また、この会合が継続していくことを期待している。

第23章　様々な関係者との連携・協力

全中との是々非々の関係

1年9カ月の農林水産大臣としての職務遂行は、農林水産省の副大臣、政務官、事務方はもちろんだが、様々な関係者、団体との協力・連携あってのことだったと思っている。

独りよがりで物事を進めようとしてもうまくいくわけがない。大臣室にも本当に沢山の方々においでを頂いた。できる限り、どなたともお会いすることに気を注いだ。

私が就任した時点では、全中と農林水産省との間は微妙な関係にあった。政権交代以降、赤松大臣、山田大臣ともに、全中会長と会わない状態が続いていたのだ。

平成24年4月、全中・萬歳会長との面談

就任最初の記者会見で、鹿野大臣は全中会長と会うのか、との質問を受けたことを覚えている。また、伝統的に、全中会長は、農林水産省の食料・農業・農村審議会（昔の農政審議会）の委員を務めてもらってきていたが、これもストップした状態となっていた。

私は、全中会長は全国の農業者を代表する立場にある人だし、きちんと意見交換し、信頼関係も結びながら農政を進めていくことが大事なことだと考えた。このため、就任直後に茂木会長の面会要請も受けたし、その後も会いたいと言われれば必ずお会いした。

また、審議会委員にも就任を頂いたし、食と農林漁業の再生実現会議にも参画してもらった。平成23年6月に茂木会長の後を継がれた萬歳会長とも同様にお付き合いをさせて頂いたつもりだ。

特に大震災・原発事故対応においては、ＪＡグループにも様々な協力をもらいながら、東京電力への損害賠償請求など、被災農家のために共に働いてきたという思いだ。

このように書いてくると誤解されてしまうかもしれないが、決して「べったり」の関係だったわけではない。一線は画した上で、是々非々で政策を論じ合ったつもりだ。全中との間で見解が大きく分かれ、論争となったのが、23年7月に認可することとなる、先物市場におけるコメの試験上場をめぐってであった。

事務方によると、以前、中川昭一大臣時の平成18年に一度申請されたことがあり、このときは不認可とする判断が行われたとのことだった。

全中は、前回の不認可時から何ら事情は変わらない、コメの価格が乱高下し農家に悪影響が及ぶ、そもそも国民の主食を投機の対象にしてはならない、といった考えで反対していた。

一方、関係法律の規定を見ると、「十分な取引量が見込まれないことに該当しないこと」と「コメの生産及び流通に著しい支障を及ぼし、又は及ぼすおそれがあることに該当しないこと」という要件の両方に該当しない限り、認可をしなければならない、とされていた。

あくまで試験上場であるから、もしかしたら色々な問題が生じるかもしれないけれども、その場合は本上場をさせないことで対応するべき、という考え方に基づく法体系だったと記憶している。この関係条文の下で無理な解釈をすると、不認可を不服とする取引所から訴訟を提起されたら敗訴する恐れもあった。

こうした点も含め、弁護士資格を持つ筒井副大臣ともよく相談をして、法律上の認可要件に該当しないことを立証するのは困難であるとの理由で、試験上場を認める判断をしたわけだ。

認可を決めた後も、全中専務ご出身の山田俊男参議院議員などから国会で激しく追及されることとなった。

なお、この試験上場をリードした東京穀物商品取引所は、この後、経営がさらに悪化し、25年3月に解散した。取引機能自体は、25年2月に東京商品取引所等に移管され、コメの先物取引の試験上場も継続しているわけだが、認可の時点ではその経営状態について話を聞く機会がなかったため、渡辺理事長から閉鎖の方針を聞いたときには非常に驚いたことを覚えている。

土地改良・酪農畜産・水産の分野

全国土地改良事業団体連合会の野中広務会長も就任間もない平成22年10月に大臣室を訪問された。

政権交代後初の予算編成となる22年度予算の最終盤において、土地改良関係予算が6千億円レベルから2千億円レベルへと、一気に削減する大なたが振われたことがまだ記憶に新しく、また、既に終わっていた23年度概算要求でも同水準の予算要求にとどまっていたが、私としても久しぶりとの思いで迎えたことを記憶している。

この面会時に、野中会長からは、現場が非常に困っているとのお話に加え、政治面での「中立宣言」をされた。

私としてもこれを正面から受けとめ、その後、現場で真に必要とされる予算は要求するとの考えに立って、予備費や補正予算も可能な限り活用しながら、農業基盤の確立のために土地改良関係予算の確保に力を注いだ。

酪農や養豚といった畜産関係の方々にもよく大臣室を訪問して頂いた。牛肉の放射性物質汚染については既に詳しく触れたが、原発事故を原因とする風評被害、牧草地の汚染などの問題が次々と発生し、行き場のない怒りを抱えながらも、精一杯の努力をされていることが話をする中でもよく伝わってきた。

東北・北関東を中心とする酪農家の皆さんが苦しい思いの中で頑張ってこられていたことも考慮し、24年3月の加工原料乳価・限度数量の決定に当たっては、意欲を持って生産に取り組んで頂けるよう相当配慮もしたつもりだ。酪農政治連盟の佐々木委員長とは、同じ東北人ということもあり、かなり上乗せの要求をお互いふるさとの言葉でやり取りしたことを思い出す。

水産関係でも、大日本水産会の白須会長、全国漁業協同組合連合会の服部会長を始めとして、できるだけ意見交換をする機会を作った。

特に、東日本大震災では青森から千葉まで、太平洋側の漁港・漁村が大きな被害を受ける中で、オール水産でサポートをして頂いたと思っている。海とは縁の薄かった私としては、初めのうちは海に生きる人たちの感覚がよく分からなかった面もあったが、皆さんの活動を見て、絆がいかに強いかということを感じ取ることができた。

また、原発事故後に原子炉の冷却に使用したいわゆる汚染水が、農林水産省にすら何の連絡もないまま海に放出されたときに、地元漁師の心情を思うと、こんなことは同じ漁民として断じて許しがたい、と服部会長が顔を真っ赤にして怒っておられたことも忘れられない。

地方自治体からの声

都道府県知事や基礎自治体の首長、地方議会の議員の方々ともよくお会いした。特に、大震災後は、本当に沢山の方々に大臣室においでを頂き、現場の実態を教えてもらった。

私も時間の調整がつく限り、優先して皆さんとお会いした。ともすると東京では理屈先行になってしまうのだが、福島県の中通り、浜通りの皆さんとのやり取りからは、行き場のない怒りを抱え、日々不安を感じながら暮らしている県民、町民の「気持ち」、「心情」に思いを致しながら対応していくことの大切さを、改めて教えて頂いたと思っている。

平日は国会対応などもあり、なかなか現地にお邪魔する時間が取れなかったわけだが、今こうして振り返ってみると、たびたび大臣室に足をお運び頂き、話をお聞かせ頂くことで、ある意味、事務方よりも現場の状況を承知することができたのかもしれないと思う。

与野党の国会議員

与野党の国会議員の先生方、特に農林水産委員会所属の皆さんにもお世話になった。

与党民主党では、農林水産部門会議で熱心に政策議論をして頂いていた。毎回、副大臣と政務官が出席していたが、予算決定時や国会の開会・閉会時など、節目節目では私も出席して、ご挨拶とお礼を申し上げた。私の在任中は、一川保夫議員、佐々木隆博議員、郡司彰議員が部門会議の座長であったが、常に連絡を密に取らせて頂いたことで、党と一体となった農林水産行政が展開できたと思う。

また、当時、自民党、公明党を始めとする野党の議員とは、予算委員会や農林水産委員会などの場で激しいやり取りをすることもあったが、我が国農林水産業や農山漁村のために尽力する、という熱い気持ちは共有できていたと思っている。質疑を通して、貴重なご指摘を沢山頂いた。

質疑終了後、すぐに指示を出して、具体的な対応を取ることも多々あった。かつて私が自民党に所属していたこともあり、当時一緒であった保利耕輔議員や武部勤議員と質疑応答をさせてもらったこと、また、共に活動していた江藤隆美先生、小里貞利先生の子息にあたる江藤拓議員、小里泰弘議員が自民党農政の中核を担い始めていることなど感慨深いところがあった。

そして、衆・参の農林水産委員会で筆頭理事を継続して務められた宮腰光寛議員、野村哲郎議員から鋭い指摘を幾度となく受けたことも忘れられない。

あとがき

私は、就任時に「攻撃型の農林水産行政」を展開していくと強調した。野球で喩えるなら、守備がいくらしっかりしていても点が入らなければ勝利には結びつかない。

農林水産行政を前進させるためには、バットを手にして、果敢に攻めていくことが必要だとの考え方に立ったからである。

1年9カ月の間、至らないところは多々あったと思うが、食と農林漁業の発展のために、懸命に、果敢に農林水産行政に取り組み、確たる実績をあげることができたと自負している。

結論として、第1次産業を守り、発展させることは、まさに「戦い」なんだというのが私の心からの実感だ。

私は農林水産大臣を務める間、農林水産省の副大臣、政務官、事務方の諸君とのチームワークによって支えられた。さらに、省外の多くの方々にご指導・ご鞭撻も頂いて、何とか職務を全うできた。

お世話になった皆さんに対し、改めて心からの感謝の念を記し、この著を通じて一人でも多くの方々に農林漁に関心をもっていただくことを祈念し筆を置きたい。

【著者紹介】
鹿野　道彦（かの・みちひこ）
昭和17年生。
昭和40年学習院大学政経学部卒。
昭和51年衆議院議員初当選、以来当選11回。
昭和56年運輸政務次官
昭和61年衆議院運輸委員長
平成元年農林水産大臣
平成４年国務大臣総務庁長官、
平成21年衆議院予算委員長
平成22年農林水産大臣などを歴任。

農・林・漁　復権の戦い

2013年5月30日　第1版第1刷発行

著者　鹿野道彦

発行者　村田博文

発行所　株式会社財界研究所

［住所］〒100-0014　東京都千代田区永田町2-14-3 赤坂東急ビル11階
［電話］03-3581-6771
［ファックス］03-3581-6777
［URL］http://www.zaikai.jp/

印刷・製本　凸版印刷株式会社

ⓒ Kano Michihiko. 2013, Printed in Japan
乱丁・落丁は送料小社負担でお取り替えいたします。
ISBN 978-4-87932-093-3
定価はカバーに印刷してあります。